"十四五"职业教育国家规划教材

家具设计与陈设（第3版）

主　编　杨凌云　郭颖艳
副主编　吴　哲　杜秋红　唐雪梅　魏　娜
参　编　王小丽　曾靖然　彭博聪　佘　剑　刘光奎

重庆大学出版社

图书在版编目（CIP）数据

家具设计与陈设 / 杨凌云，郭颖艳主编. --3版. 重庆：重庆大学出版社，2025.5. --（高职高专艺术设计类专业系列教材）. --ISBN 978-7-5689-4838-8

Ⅰ.TS664.01；J525.3

中国国家版本馆CIP数据核字第2024GK7293号

高职高专艺术设计类专业系列教材

家具设计与陈设（第3版）

JIAJU SHEJI YU CHENSHE（DI-SAN BAN）

主　编　杨凌云　郭颖艳

副主编　吴　哲　杜秋红　唐雪梅　魏　娜

策划编辑：蹇　佳

责任编辑：陆　艳　蹇　佳　　版式设计：原豆文化

责任校对：王　倩　　责任印制：张　策

重庆大学出版社出版发行

出版人：陈晓阳

社址：重庆市沙坪坝区大学城西路21号

邮编：401331

电话：（023）88617190　88617185（中小学）

传真：（023）88617186　88617166

网址：http：//www.cqup.com.cn

邮箱：fxk@cqup.com.cn（营销中心）

全国新华书店经销

重庆亘鑫印务有限公司印刷

开本：787 mm×1092 mm　1/16　印张：9.75　字数：308千

2015年8月第1版　2025年5月第3版　2025年5月第9次印刷

印数：18 101—21 100

ISBN 978-7-5689-4838-8　定价：59.00元

第3版前言

家具不仅是人们生活、工作、学习的必需品，还是室内最主要的装饰品，是一种技术与艺术完美结合的工业产品，既要满足人们对使用功能的要求，又要满足人们的审美愿望。随着时代的进步与社会的发展，人们对家具设计将会不断提出新的要求。

本书第 1 版和第 2 版自出版以来，深受广大师生的喜爱，许多院校多年来一直使用本书作为教材。本次再版，以习近平新时代中国特色社会主义思想为指导，认真贯彻党的二十大精神。我们遵照“三教”改革要求，结合前期广大教师给我们提出的合理建议，对书中编写体例做了调整并对内容进行了更新，突出“以学生为中心、任务为导向”理念，立足实践，坚持守正创新，注重对实践教学的指导。再版后的教材主要有以下特点：一是在案例的选用上，注重选择新中式风格家具、民族风格家具、适老化家具等具有一定特色和代表性的案例，旨在介绍专业知识的同时，传承优秀传统家具文化，厚植家国情怀，增强文化自信，提升中华文明的传播力与影响力，培养尊老、爱老等品质；二是更新了书中的数字化内容，倡导数字化赋能教学，书中插入了大量二维码、微课链接和视频资源，打造纸质书与视听结合的新形态融合性教材，便于师生学习、应用；三是融入企业最新的真实案例，方便学生了解家具行业的新技术、新工艺与新规范，体现了教学的实践性与前瞻性；四是对每个模块的技能训练项目设置了难度梯度，满足不同学习能力层次的学生学习需要，体现了因材施教。

本书共设有四个教学模块，通过实木家具设计、软体家具设计、板式定制家具设计、陈设设计等任务作为引导，系统阐述了家具设计的基本理论，家具产品设计流程与方法，家具产品开发实践以及家居软装设计等内容。全书内容全面，结构合理，图文并茂，案例鲜活，贴近实际，便于广大读者理解、掌握。本书不仅可作为高等职业院校家具设计、产品设计、室内设计、环境艺术设计等专业的教材，还可作为家具企业产品开发、销售、管理人员及业余爱好者参考用书。

本书由四川城市职业学院杨凌云和四川国际标榜职业学院郭颖艳担任主编，绵阳职业技术学院吴哲，四川城市职业学院杜秋红，四川现代职业学院唐雪梅，四川长江职业学院魏娜担任副主编。四川省家具行业商会秘书长王小丽、明珠家具股份有限公司产品研发负责人曾婧然、成都正合居品家居有限公司彭博聪、明珠家具股份有限公司设计师余剑、成都艾玛工业设计有限公司刘光奎担任参编。此外，感谢明珠家具股份有限公司、成都正合居品家居有限公司、四川高盛家具有限公司、成都八零九零玩家室内设计有限公司、成都辰皓设计事务所和广州市至里空间设计有限公司为本书提供素材和企业真实案例，感谢重庆大学出版社对本书提供帮助和支持。

限于编者水平，书中不足之处在所难免，恳请广大读者批评指正，以便在今后的再版印刷中进行改进。

编者

2025 年 1月

目 录

学习模块三　板式定制家具设计

项目5　定制鞋柜设计

学习模块一

实木家具设计

实木家具又称框式家具，它是以榫接合的框架为承重构件，板件附设于框架之上的木家具。在实木家具中，方料框架为主体构件，板件只起围合空间或分隔空间的作用。传统实木家具为整体式（不可拆）结构；现代实木家具既有整体式结构，又有拆装式结构。整体式实木家具以榫接合为主，拆装式实木家具则以连接件接合为主。

知识目标

（1）根据项目设计背景，明确设计对象的特点与需求、项目设计的风格等要求。

（2）了解桌椅人体工程学与功能设计的关系，掌握桌椅功能设计的注意事项，掌握桌椅的设计尺寸，理解人体工程学知识在桌椅设计中的应用。

（3）掌握桌椅的设计方法。

（4）熟练地掌握桌椅的设计流程。

能力目标

（1）能运用学习的相关设计方法进行桌椅的设计实践。

（2）能运用CAD、3dsmax等软件制作桌椅设计图纸。

素质目标

（1）培养同学间的团队协作能力，能够与同学分工合作、团结协作。

（2）熟悉汇报文件写作的规范性。

（3）培养在设计中践行实事求是的科学精神。

项目1　椅子设计

◆工作任务导入

了解项目设计的背景，明确本次项目的设计对象、设计风格、设计需求等基本信息。

项目背景与任务单	
项目主题	设计一把现代风格的餐椅
项目要求	①色彩简洁 ②体现温馨、自然的氛围 ③透气舒适 ④选择实木材质
工作任务	任务内容：明确客户群体的需求和要求，设计一把现代风格的实木餐椅 交付形式：设计方案PPT、三视图、效果图等关键图纸 课后作业：展板设计
项目设计师	设计师签名：______ 时　　间：______ 备　　注：______

◆小组协作与分工

请同学们按照自己的岗位意向和个人特长，选择合适的工作任务角色，完成下表。

小组名称	工作任务角色	组员姓名	个人特长
	项目负责人		
	调查员		
	绘图员（草图）		
	绘图员（三视图）		
	绘图员（效果图）		
	记录员		

◆知识导入

问题1：坐具类家具有哪些类型?

______

问题2：从功能与人体工程的角度来看，椅子的设计要点有哪些?

______

问题3：实木椅子的结构部位通常包括哪些?

______

1.1 知识准备

1.1.1 实木家具的接合方式与基本结构

（1）实木家具接合方式

实木家具的接合方式有榫接合（图1-1）、钉接合、木螺钉接合、胶接合和连接件接合等。采用的接合方式是否正确，对家具的美观、强度和加工过程以及使用或搬运方式的方便性都有直接影响。现将实木家具常用的接合方式分述如下。

榫接合　钉接合　木螺钉接合　胶接合　连接件接合

图1-1　榫接合方式

（2）实木家具部件的基本结构

由两个或两个以上的零件构成的家具的独立安装部分，称为家具部件。

实木拼板结构　框架件结构　弯曲件结构

1.1.2 坐卧类家具种类及尺寸

坐卧类家具是家具中最古老、最基本的类型。家具在历史上经历了由早期席地跪坐的矮型家具，到中期的垂足而坐的高型家具的演变过程，这是人类告别动物的基本习惯的一种文明行为，也是家具最基本的哲学内涵。

坐卧类家具是与人体接触面最多，使用时间最长，使用功能最多、最广的基本家具类型，造型式样也最丰富。坐卧类家具按照使用功能的不同，可分为椅凳类、沙发类、床榻类3大类（图1-2、图1-3）。

图1-2　椅凳类家具

图1-3　床榻类家具

椅子是一种日常生活用品，一种或有靠背、或有扶手的坐具。古代席地而坐，原没有椅子。据文籍记载，椅子的名称始见于唐代，而椅子的形象则要上溯到汉魏时传入北方的胡床。

椅子的种类按材质可分为实木椅、玻璃椅、铁艺椅、塑料椅、布艺椅、皮艺椅、发泡椅等；按外观形式可分为靠背椅、扶手椅、罗圈椅、交腿椅、转椅、躺椅等；按使用性质可分为办公椅、餐椅、吧椅、休闲椅、躺椅、专用椅等。

坐与卧是人们日常生活中采用最多的姿态，如工作、学习、用餐、休息等都是在坐卧状态下进行的。因此，椅、凳、沙发、床等坐卧类家具的作用就显得特别重要。

按照人们日常生活的行为，人体动作姿态可以归纳为从立姿到卧姿8种不同姿势（图1-4）。其中适用于工作的家具有4种基本形态，适用于休息的家具有 4 种基本形态。

（1）　（2）　（3）　（4）　（5）　（6）　（7）　（8）

（1）立姿；（2）立姿并倚靠某一物体；（3）坐凳状态，用于小型凳子；（4）座面、靠背支撑着人体，用于一般性工作、用餐椅子；（5）较舒适的姿势，用于有扶手的椅子；（6）很舒适的姿势，属沙发类的休息用椅；（7）半躺状休息用椅；（8）完全休息状态，用于床、医疗检查仪器等

图1-4　人体各种姿势与坐卧家具类型

坐卧类家具的基本功能是使人们坐得舒服、睡得安宁、减少疲劳和提高工作效率。其中，最关键的是减少疲劳。在进行家具设计时，应通过对人体的尺寸、骨骼和肌肉关系的研究，保证设计的家具在支撑人体动作时，将人体的疲劳度降到最低，也就能得到最舒服、最安宁的感觉，同时也可保持较高的工作效率。

在设计坐卧类家具时，必须考虑人体生理结构特点，使骨骼、肌肉系统保持合理状态，血液循环与神经组织不过分受压，尽量设法减少和消除产生疲劳的各种因素。

坐具的主要尺寸包括座高、座面宽、座前宽、座深、扶手高、扶手内宽、背长、座倾角、背倾角等，以及为满足使用要求所涉及的一些内部分隔尺寸，这些尺寸在相应的国家标准中已有规定。本节除列有规定尺寸外，也提供了一些尺寸供读者设计时参考。

座高与桌面高的配型尺寸关系如图1-5和表1-1所示。

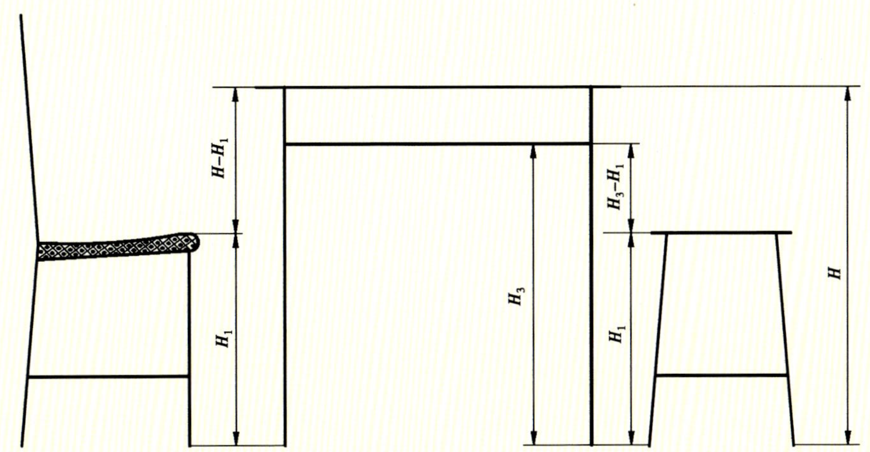

图1-5　座高与桌面高配合高差示意图

表1-1　桌面高、座高、配合高差

单位：mm

桌面高 H	座高 H_1	桌面与椅凳座面配合高差 $H-H_1$	中间净空高与椅凳座面配合高差 H_3-H_1	中间净空高 H_3
680～760	400～440 软面的最大座高 460（包括下沉量）	250～320	≥200	≥580
注：当有特殊要求或合同要求时，各类尺寸由供需双方在合同中明示，不受此限。				

（摘自GB / T 3326—2016）

普通椅子基本尺寸如图1-6和表1-2，图1-7和表1-3，图1-8和表1-4所示。

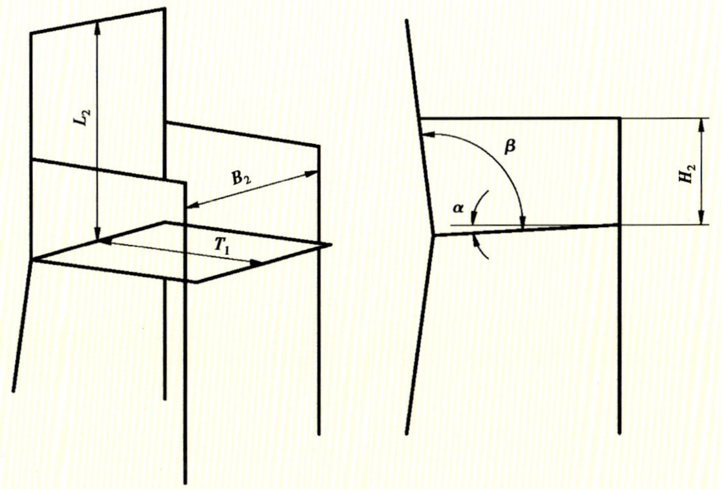

图1-6　扶手椅尺寸示意图

表1-2　扶手椅尺寸

扶手内宽 B_2	座深 T_1	扶手高 H_2	背长 L_2	座倾角 α	背倾角 β
≥480 mm	400~480 mm	200~250 mm	≥350 mm	1°～4°	95°～100°
注： 当有特殊要求或合同要求时，各类尺寸由供需双方在合同中明示，不受此限。					

（摘自GB / T 3326—2016）

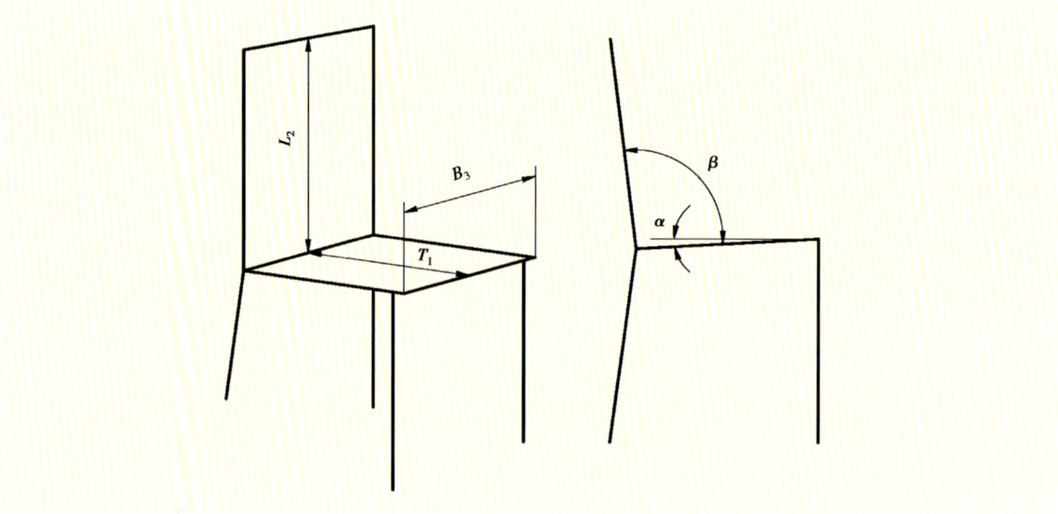

图1-7　靠背椅尺寸示意图

表1-3　靠背椅尺寸

座前宽 B_3	座深 T_1	背长 L_2	座倾角 α	背倾角 β
≥400 mm	340~460 mm	≥350 mm	1°～4°	95°～100°
注： 当有特殊要求或合同要求时，各类尺寸由供需双方在合同中明示，不受此限。				

（摘自GB / T 3326—2016）

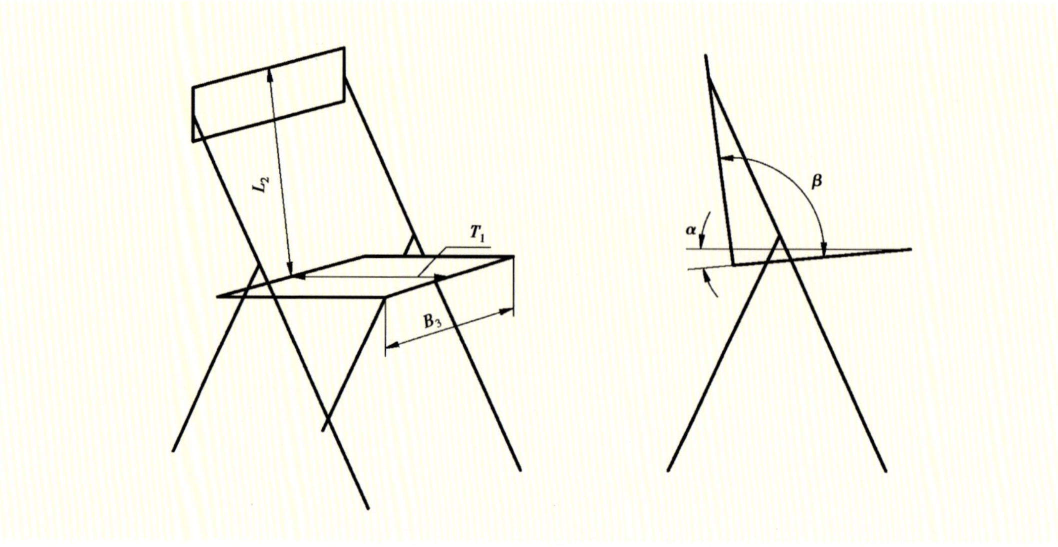

图1-8　折叠椅尺寸示意图

表1-4　折叠椅尺寸

座前宽 B_3	座深 T_1	背长 L_2	座倾角 α	背倾角 β
340~420 mm	340~440 mm	≥350 mm	3°~5°	100°~110°
注： 当有特殊要求或合同要求时，各类尺寸由供需双方在合同中明示，不受此限。				

（摘自GB / T 3326—2016）

普通凳类家具基本尺寸如图1-9和表1-5，图1-10、图1-11和表1-6所示。

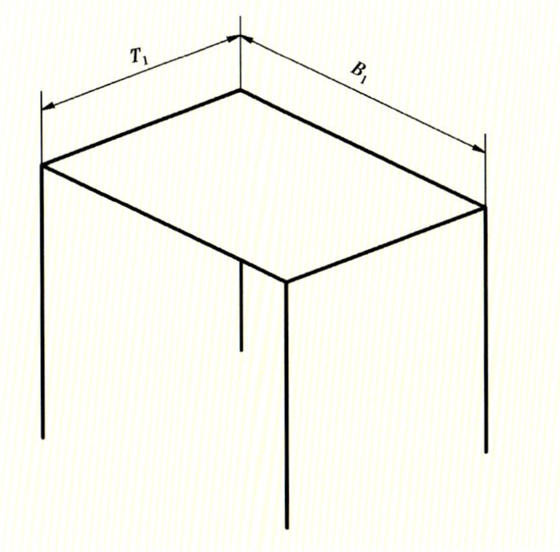

图1-9　长方凳尺寸示意图

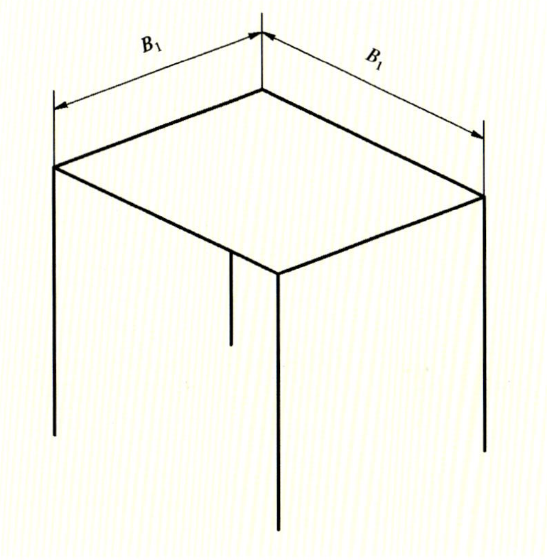

图1-10　方凳尺寸示意图

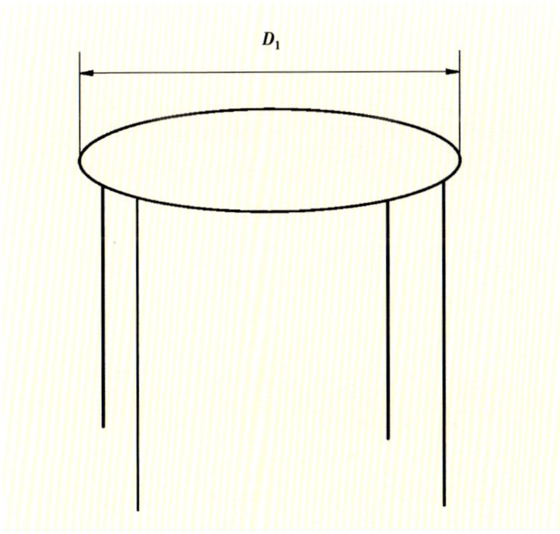

图1-11　圆凳尺寸示意图

表1-5　长方凳尺寸

单位：mm

凳面宽 B_1	凳面深 T_1
≥320	≥240
注： 当有特殊要求或合同要求时，各类尺寸由供需双方在合同中明示，不受此限。	

（摘自GB / T 3326—2016）

表1-6　方凳、圆凳尺寸

单位：mm

项目	凳面宽（或凳面直径）B_1（或 D_1）
尺寸	≥300
注： 当有特殊要求或合同要求时，该尺寸由供需双方在合同中明示，不受此限。	

（摘自GB / T 3326—2016）

沙发类家具基本尺寸如图1-12和表1-7所示。

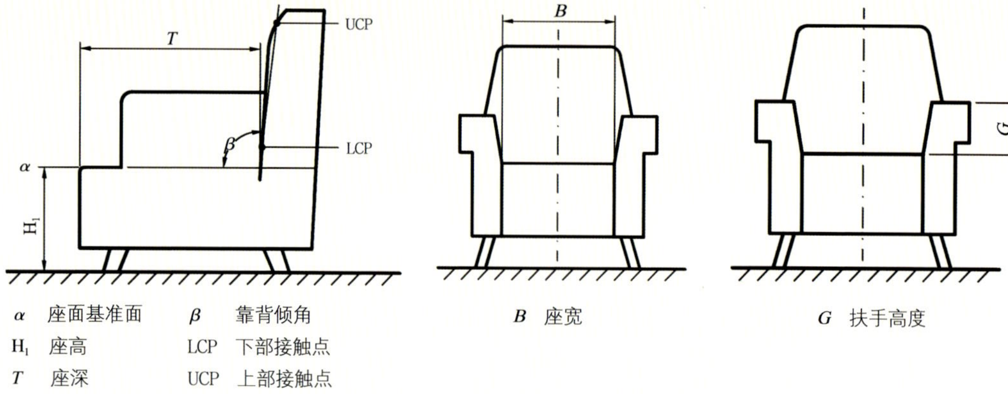

图1-12 沙发尺寸的示意图

表1-7 沙发的基本尺寸

种类	坐宽	坐深	坐高	扶手	座面倾角	靠背倾角
单人沙发	≥450 mm	480 ~ 550 mm	370 ~ 440 mm	150 ~ 300 mm	2° ~15°	100° ~120°
双人沙发	≥990 mm					
三人沙发	≥1530 mm					

（数据摘自QB / T 39223.6—2020）

1.1.3 坐卧类家具设计要点

椅子设计不仅要考虑外观、结构、功能，还要考虑耐用、场景体验、舒适度等因素。那么要设计一把靠背椅，需要从哪些方面做起呢?

靠背椅是我们最常见的椅子形式。一是它比凳类有更好的人机工程、有更多的倚靠和坐感的设计；二是它比扶手椅有更实惠的价格、更好的机动性以及更小的空间占用。因此在家庭餐厅区，它是最稳妥的选择，具有最实用的功能。在目前国内的中小户型里，由于扶手椅大都无法收进餐桌，所以一般餐厅没有足够的空间放置扶手椅。

（1）外观设计

外观设计需兼顾形态比例、线条轮廓、色彩搭配及装饰细节。形态需适配人体坐姿曲线，如靠背贴合脊椎、座面适配臀腿尺寸，比例遵循黄金分割原则确保视觉平衡；线条设计需流畅自然，体现实木材料的质感与美感，轮廓线结合功能性与装饰性，如明式椅类的框架式结构线条挺拔秀丽；色彩需匹配空间风格，传统实木椅类多用木材本色展现自然纹理，现代实木椅类可采用撞色设计增强视觉冲击力；材质搭配需兼顾触感与美观，如实木框架与软垫结合提升舒适性；装饰元素需与整体风格协调，如中式实木椅类的铜饰件、西式实木椅类的雕花扶手，细节处理需精益求精，如接缝处平滑处理、边缘倒角设计，以提升空间适配性与用户体验。

线条是外观特别明显的辨识特征，线条与面的结合，是产品能给人留下的最深刻印象。在实木椅的历史上，凡经典的家具设计无不在线与面的设计上有着卓越的构思和丰富的细节（图1-13）。中国的古典家具就充满了对线条的极致探索。

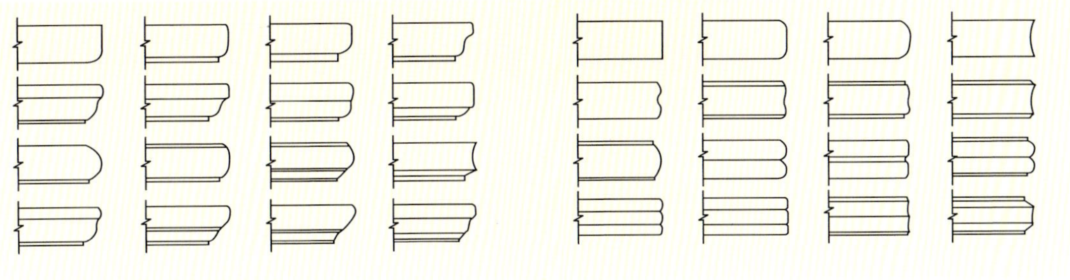

图1-13　实木椅线与面的设计

（2）结构设计

结构设计需综合考虑稳定性、耐久性、舒适性、可调节性、空间适配性及工艺成本平衡。稳定性通过三角形支撑结构、加重底座设计实现，耐久性依赖实木材料的力学特性及加工工艺，如榫卯结构提升结构稳定性；舒适性需优化座面倾角、靠背曲度及扶手高度，可调节设计满足个性化需求，如实木框架与金属配件结合实现座椅高度调节；空间适配性体现在折叠收纳、旋转半径控制及模块化设计中，如可折叠实木椅的收纳设计；工艺需平衡传统手工雕刻与现代加工技术的成本，如数控机床加工提升生产效率，并最大化实木材料利用率，减少浪费。

根据支架与座面、靠背的连接方式不同，椅类结构包括以下3种。

①固定式结构：榫接合，不可再次拆装（图1-14）。

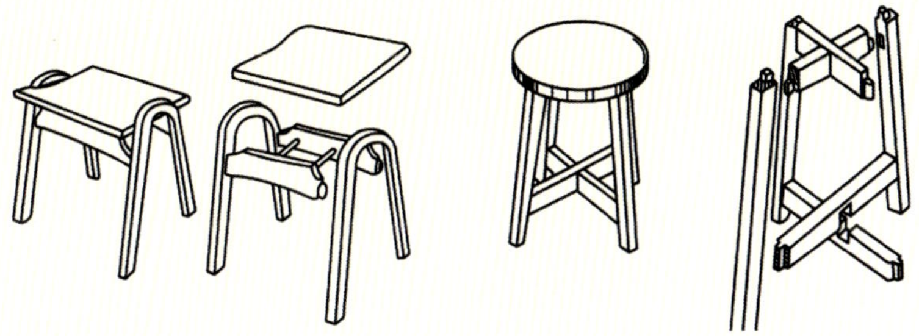

图1-14　固定式结构

②嵌入式结构：椅子分成几部分，单独组装成品（图1-15）。

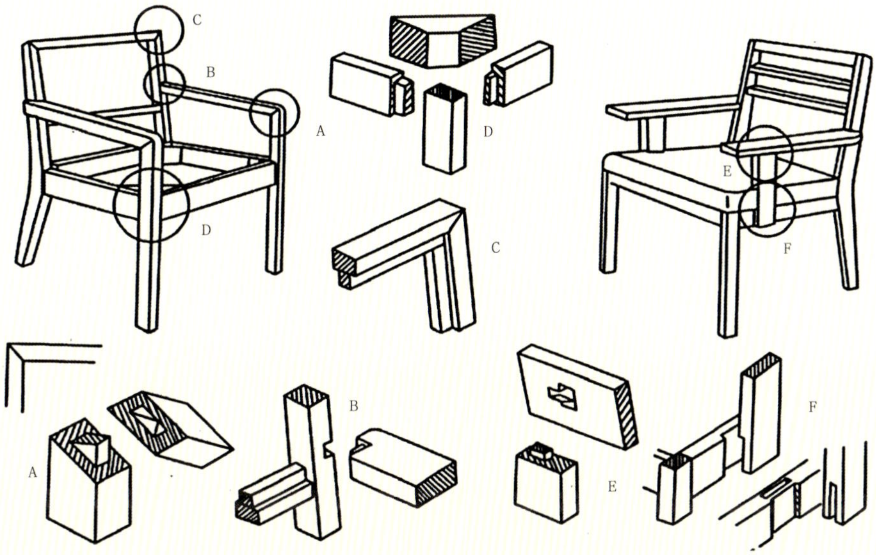

图1-15　嵌入式结构

③拆装式结构：金属连接件接合（图1–16）。

设计实木椅子结构时要着重考虑以下5个问题。

- 强度、刚度、稳定性等力学性能。
- 加工工艺性。
- 结构标准化。
- 储存、包装与运输便捷性。
- 装配的简洁与可靠性。

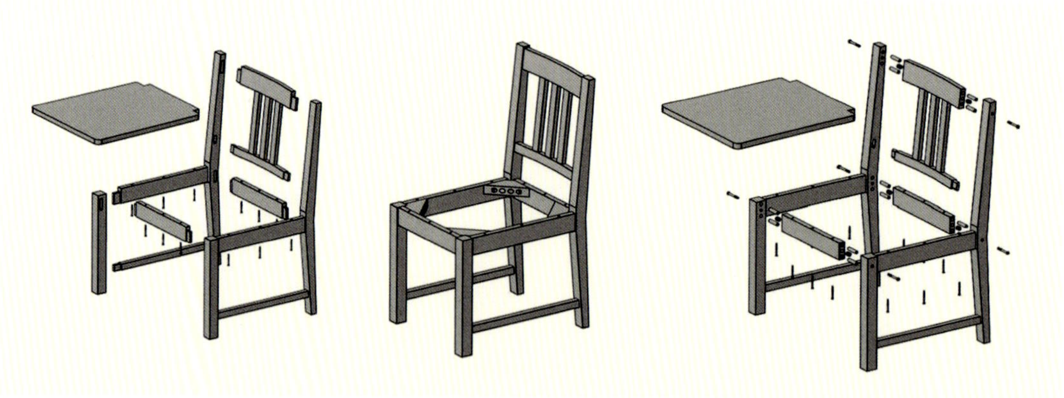

图1–16　拆装式结构

（3）功能尺度设计

实木坐卧类家具的功能尺度设计需综合考虑座高、座深、座宽、靠背角度及扶手设计。

座高应参考人体小腿加足高加鞋高的综合数据，通常设定为450mm左右。合适的座高可以使人体双脚平放在地面，大腿与地面平行，避免腿部悬空或受压，保证坐姿的舒适性。

座宽应该能够满足人体臀部的宽度需求，并且留有一定的空间余量。一般来说，座宽在400–500mm之间比较合适。如果座宽过窄，会导致臀部两侧受到挤压，感觉不适；而座宽过宽，则会占用过多的空间，且可能会使使用者难以保持正确的坐姿。

座深是指座面的前后长度。合适的座深应该使人体腰部靠在椅背上时，臀部能够完全接触到座面，并且座面前缘不会对大腿下侧造成过大的压力。座深建议在400～480mm，采用可调节设计以适应不同体型。

靠背角度设计需贴合人体脊柱的自然曲线，一般来说，椅背与座面之间的夹角在在95°～100°之间比较合适，这样的角度可以使人体背部得到良好的支撑，减轻脊柱的压力，避免长时间坐姿导致的疲劳和损伤。腰部承托需精准对应人体第三脊椎骨位置，如S形靠背板能有效分散压力。

扶手的高度设计需参考坐姿肘高，通常高度为200～250mm，宽度需稳定承托下臂，前端延伸设计可增强支撑稳定性。扶手的宽度则要根据椅子的整体设计和人体工程学原理来确定，一般保持在50～80mm较为适宜，既能提供足够的支撑面积，又不会显得过于宽大厚重。

为了满足不同用户的需求，可以考虑设计一些具有可调节功能的实木椅。例如，可调节高度的座面和靠背，用户可以根据自己的身高和坐姿习惯进行调整；或者设计可折叠的实木椅，方便收纳和携带，适用于不同的使用场景。

（4）材料设计

①木材的种类：木材种类选择需考虑硬木与软木特性。硬木材质坚硬、耐磨、耐腐蚀，具有较高的强度和稳定性。常见的硬木有紫檀、黄花梨、鸡翅木等红木，以及柚木、胡桃木、榉木等。红木质地坚硬，纹理美观，具有很高的收藏价值，但价格昂贵；柚木富含油脂，具有天然的防虫蛀和防潮性能，且纹理独特；胡桃木的木质细腻，颜色深沉典雅；榉木则质地坚硬，承重性能好。

同时，要重视木材含水率控制，木材含水率是影响实木椅质量和使用寿命的重要因素之一。如果木材含水率过高，在干燥过程中容易出现开裂、变形等问题；如果含水率过低，则可能导致木材干裂。因此，在制作实木椅之前，需要对木材进行干燥处理，将其含水率控制在合理的范围内。一般来说，实木家具用木材的含水率应该控制在8%~12%。在这个范围内，木材的稳定性较好，能够适应不同的环境湿度变化。

②木材的表面处理材料：选择合适的涂料对实木椅进行表面处理，不仅可以保护木材表面，还能增强其光泽度和美观度。常见的涂料有水性漆、木蜡油等。水性漆环保性能较好，干燥后形成的漆膜透明度高，能清晰地展现木材的纹理；木蜡油则能渗透到木材内部，滋养木材，使木材表面更加光滑、温润。

除了涂料，还可以使用一些其他的辅助材料来提升实木椅的性能和品质。例如，在座面和靠背部分添加海绵、羽绒等软垫材料，增加舒适度；或者在木材表面贴上一层耐磨、防滑的脚垫，保护地面的同时也能增加椅子的稳定性。

1.2 工作任务实施

任务1　设计调查与定位

（1）任务解析

负责人：项目负责人

	任务解析	答案
问题1	根据项目背景，能提炼客户的信息有哪些	
问题2	客户需要的是什么类型的实木椅子	
问题3	客户需求解析	

（2）设计调查与定位

负责人：调查员、记录员

实施步骤	任务思考	任务记录
步骤1 回顾设计调查的方法	回顾前课学习的设计调查的方法，适合本项目的设计调查的方法有哪些	
步骤2 明确设计调查的方向	根据设计调查的方向，拟定问题，制作问卷调查表、访谈问题等，并对客户进行问卷调查或访谈 例如： ①现在市场上现代风格的餐椅设计品牌与特征有哪些 ②现代餐椅的设计要点有哪些	问卷调查表、访谈问题
步骤3 确定设计定位	根据设计调查与分析结果，确定项目的设计定位是什么。例如，用户定位、市场定位等	

注意事项

在进行设计调查时要注意基本礼仪，把握好与客户交谈的方式方法，不仅要懂礼貌、表现出亲和力，还要尊重客户的想法与要求，这样才能提高调查质量，得到准确的设计定位。

任务2　方案构思与造型设计

（1）任务思考

负责人：项目负责人

	任务思考	答案
问题1	什么是草图设计 头脑风暴绘制创意草图	
问题2	创意草图设计的流程与方法有哪些	
问题3	客户需要的是什么类型的实木椅子	
问题4	学习微课，了解椅子的造型设计有哪些方法 家具造型设计的方法	

（2）椅子创意构思与草图、三视图表达

负责人：绘图员

实施步骤	任务思考	任务记录
步骤1 概念草图绘制	根据设计定位和椅子的造型设计方法，完成概念草图	概念草图
步骤2 概念草图优化	①当前的概念草图方案具备哪些功能 ②当前的概念草图方案分别解决了什么问题 ③当前的概念草图方案的创新设计体现在哪些地方	概念草图修改稿
步骤3 细节设计与表达	在家具的大致形态确定后，进行大量的细节推敲与情感化设计，包括材质、肌理、色彩搭配与细节设计等	细节草图
步骤4 三视图绘制	①三视图包括哪些视图 ②家具三视图的表达方法有哪些 ③根据椅子的人体工程学知识和国家标准、行业标准，确定具体尺寸，完成三视图的绘制 ④对接家具设计师职业资格证的相关标准，制作三视图的各个视图 三视图案例	三视图
步骤5 草图方案确定	确定最终的草图设计方案，标注基本尺寸、材质等	设计草图

注意事项

在进行椅子的草图方案设计与表达时，要与时俱进，融入新材料、新技术等。同时要注意造型的创新，满足大众审美。

任务3　效果图设计与方案深入

（1）任务思考

负责人：项目负责人

	任务思考	答案
问题1	什么是效果图设计	
问题2	创建家具3D模型的软件有哪些	
问题3	效果图设计的方法有哪些	

（2）效果图绘制

负责人：绘图员

实施步骤	任务思考	任务记录
步骤1 3D模型制作	根据设计草图方案，完成3D模型制作	3D模型制作
步骤2 效果图初稿绘制	①检查当前3D模型的尺寸、比例，是否与设计草图方案一致 ②拆分椅子模型的结构部件，推敲其可行性 ③根据草图方案的CMF，赋予模型材质和贴图，完成效果图初稿绘制 教师示范3D模型修改	效果图初稿
步骤3 效果图渲染	根据建模的相关标准，完成效果图渲染与出图	效果图终稿

注意事项

在进行椅子的3D模型制作时，注意部件与部件之间的结合细节，注意复杂造型的建立，要严谨细致、精益求精，这样才能建出比例正确、观感舒适的模型。

任务4　结构与工艺设计

（1）部件结构图

负责人：项目负责人

	任务思考	答案
问题1	实木餐椅的部件结构包括哪些	
问题2	绘制部件结构图，需要用到哪些软件	

（2）部件结构图、材料明细表制作

负责人：绘图员、记录员

实施步骤	任务思考	任务记录
步骤1 结构图纸学习	学习实木家具结构图纸案例，总结部件结构图绘制有哪些特点 实木家具结构图纸案例	
步骤2 部件结构图绘制	根据3D模型和三视图，完成部件结构图绘制	部件结构图
步骤3 材料明细表制作	根据部件结构图的具体尺寸，完成材料明细表	材料明细表

注意事项

部件结构图和材料明细表的制作，会涉及每一个家具的部件、零部件的造型和尺寸，需要有耐心、恒心，才能把工作做好。

任务5　企业专家、客户在线指导意见

负责人：项目负责人、记录员

企业专家 在线指导意见	
客户 在线指导意见	

1.3 拓展案例

案例1 现代椅子设计（造型创新设计）

设计团队：何虹霓、唐深忠等

指导老师：吴哲

结构方式：实木榫卯结构+藤编坐垫靠背

现代椅子设计展示

（1）设计定位

收集整理现代家具产品设计的图片为后续设计提供方向和参考，如Ceccotti家具设计、Giorgetti家具设计、梵几产品设计、十二时慢产品设计等，参考图片见下图。

设计参考图

确定设计主题和方向。

设计项目：设计一款现代民用椅子

风格：现代风格家具产品

材质：白蜡木+藤编坐垫靠背

使用空间：客厅、茶室、休闲场所等

用户要求：大气、有现代感、舒适、简洁

（2）椅子创意设计

椅子整体造型多为圆弧，给人一种亲近温馨的感觉。北美白蜡木框架胡桃色与天然藤编相结合，突出自然材质的质感与色彩。藤编为八角眼编法，色彩纹理与实木一样美观。藤面四周压条为完整的一根，只保留一个接口，更加美观，以配合椅面的弧度用曲线包边。扶手内侧有切面，椅子整体内容更丰富。椅子腿型用了由上至下、由细至粗的渐变设计。

椅子设计过程需要充分发挥设计师的创造性思维，在这个过程中可以使用5W / 2H法来进行。5W / 2H是英文What（何物）、Why（为何）、Who（何人）、When（何时）、Where（何地）与How（如何）、How much（水平）的缩写。5W / 2H法有时也不一定能涵盖所有的设计思路，但可以帮助分析，使许多隐性的要求明朗化。此时，再加上用材工艺等必要的项目就可以逐步形成一个隐约的设计轮廓。以椅子设计为例，5W / 2H法可以派生出以下内容。

何物：办公椅、休闲椅、沙滩椅、沙发椅、摇椅

为何：处理公务、进餐、上课、郊游

何人：男性、女性，老人、少年、儿童，公务员、教师、学生、作家

何时：临时、长期，白天、夜晚

何地：南方、北方，公共阅览室、户外、书房、客厅

如何：拆装、固定、可折叠、可移动、可调节、多功能、能放置杂物

水平：好用的、好看的、打动人的、创新的、亲和的、好卖的

根据“椅子”所分解的上述内容，结合其他类似的具体要求，椅子的设计内容就可以比较清晰地呈现出来了。不同的家具产品设计，都可以按5W / 2H法做出更为细致的分析。

（3）设计草图及效果图

最终确定的设计草图。

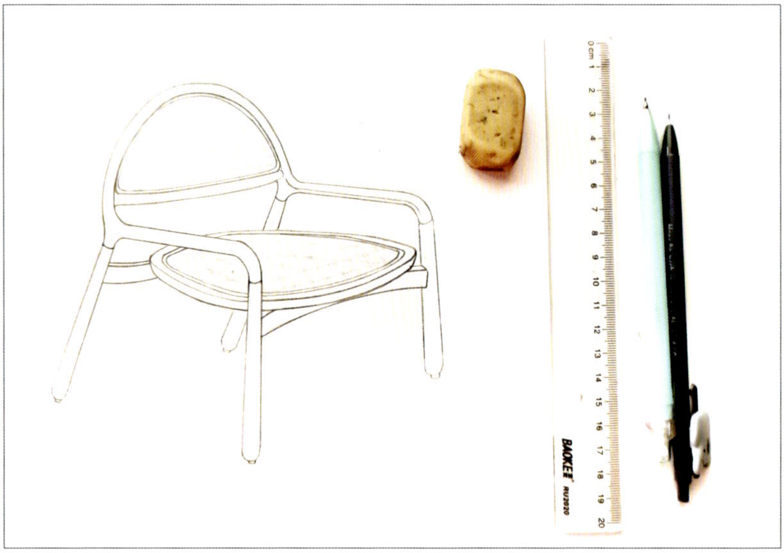

设计草图

草图确定以后需要在电脑上将三维模型建立出来，并渲染出图。

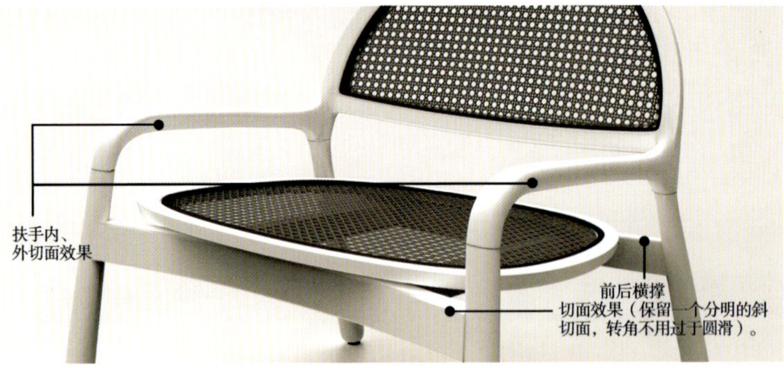

效果图

（4）实物样品图

设计草图及效果图确定之后就要联系家具生产厂家，对产品的尺寸、材质、细节、结构、工艺、装饰等细节进行协商，设计师与生产厂家保持沟通，确保产品按照设计师的思路与想法生产出来。最终的实物效果在细节上还是有一些没有体现出来的地方，最典型的就是扶手的斜面没有做出来，但整体效果还是不错。

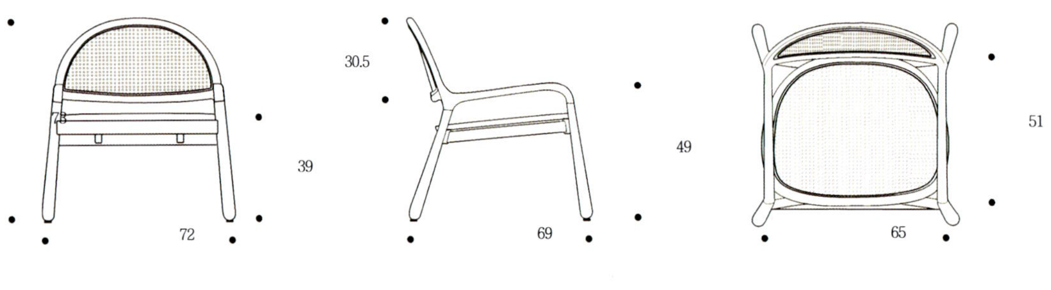

尺寸图（单位：cm）

制作过程展示

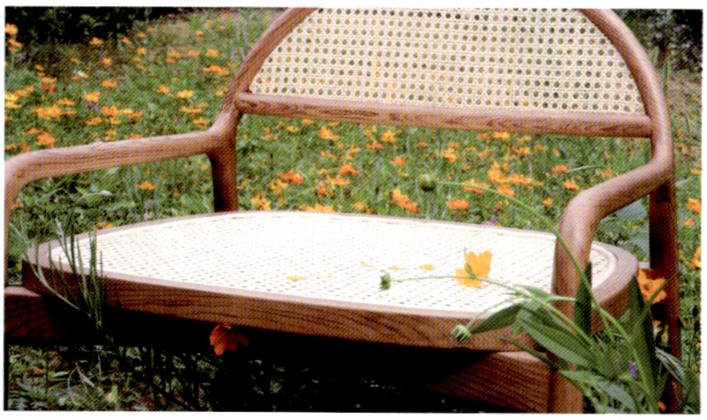

实物图

拓展学习：单轴镂铣机—工件铣型

拓展学习：定厚砂光机—精砂确定工件厚度

案例2 可拆装家具设计（结构创新设计）

（1）设计分析

基于互联网+，为了使线上的交易简单、直接和透明，需要设计一系列符合现代人生活习惯和审美的家具产品，该类产品结构为可拆装结构，能独立DIY，便于运输，便于更换。实现设计的个性化、组装的积木化、包装的平板化、体验的交互化。

可拆装结构创新设计案例赏析1

可拆装结构创新设计案例赏析2

可拆装结构创新设计案例赏析3

可拆装结构创新设计案例赏析4

可拆装结构创新设计案例赏析5

可拆装结构创新设计案例赏析6

家具可拆装结构创新设计的意义

（2）草图构思与设计

在进行可拆装家具设计之时，做到产品模块化，设计的部件标准化、通用化，即要求部件形态、尺寸、材料、规格具有统一性、互换性。

结构动画展示

一是在生产加工方面更加简单方便，提高生产效率和生产质量；

二是在包装储运方面，可节省空间，方便包装，方便运输；

三是方便安装，由于部件的通用化和标准化，即使没有相关经验的消费者也能轻易地按照产品说明书进行装配。

该系列家具使用木材为黑胡桃，连接件采用黄铜。两种不同颜色，不同材质搭配凸显时尚、高级感。

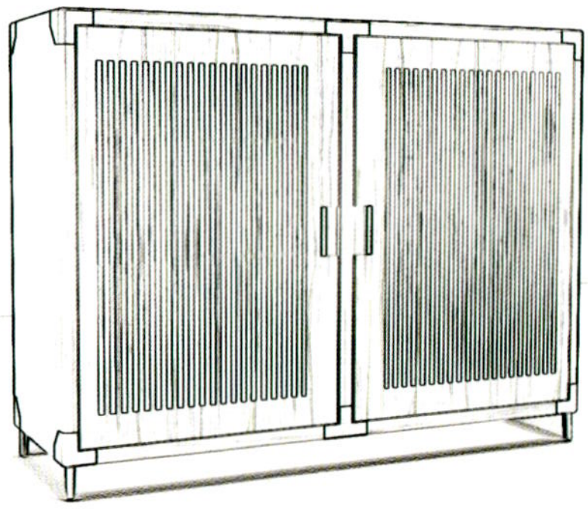

边柜草图

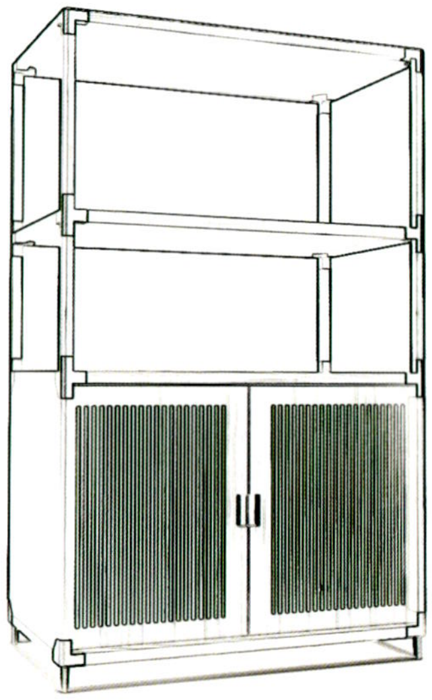

陈列架草图

（3）效果图设计与制作

结构细节图：

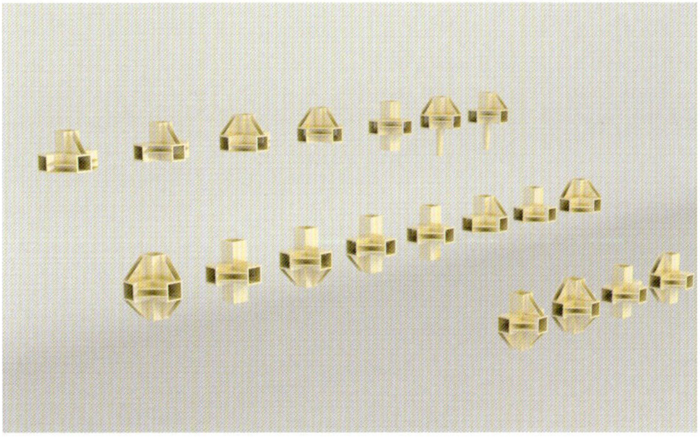

结构部件图

局部结构图

效果图：

边柜效果图

陈列架效果图

系列家具设计效果图

案例3 适老多功能椅子设计（功能创新设计）

作品名称：椅几

设计：杨钧琳

指导老师：郭颖艳

（1）设计背景与分析

了解项目设计的背景，明确本次项目的设计对象、设计风格、设计需求等基本信息。

项目背景与任务单	
客户信息	居住环境：老人房，两室两厅一卫，现代风格 居住人数：2人 职业背景：事业单位 兴趣爱好：喜爱清净，爱干净，喜爱宠物
客户要求	①设计一把现代风格的座椅 ②看书、喝茶时使用 ③体现温馨、温暖的氛围 ④透气舒适
工作任务	任务内容：明确客户需求和要求，设计一把现代风格的座椅 交付形式：设计方案PPT；三视图、效果图等关键图纸 课后作业：展板设计
项目设计师	设计师签名：______ 时　　间：______ 备　　注：______

本项目主要完成适老家具的产品设计，通过一个完整的项目化设计过程，融入家具设计相关的知识点、技能点及设计师岗位要求，让同学们对柜类家具产品设计进行沉浸式的体验与学习。本项目设计的家具产品类型是一把现代风格的座椅，能在看书、喝茶时使用，能体现温馨、温暖的氛围，具有透气舒适的功能。

（2）素材搜集

搜集适老家具素材。

设计参考图

（3）调查研究

设计调研涉及很多内容，具体的调研项目及内容见下表。

序号	调研项目	调研内容	备注
1	消费者调研	①调查消费者的现实需求和潜在需求 ②了解消费者的诉求，在何时购买产品，在何处购买家具产品 ③由谁参与消费者的购买决策 ④消费者组成结构调查，如年龄、知识水平、家庭组成、经济来源、收入分配、家庭收入、平均收入等 ⑤消费心理调查，如购买动机、消费习惯、价格因素等	
2	现有产品调研	①调查市场上现有家具产品的风格、使用材料、体量、耐用性、维护性能等 ②调查现有产品的市场定位及消费者的经济承受能力 ③调查现有产品在外观造型方面的风格特点、外观特征、色彩、材质、表面处理等 ④调查现有产品的销售价格、制造和维护成本等内容 ⑤调查现有产品的各个单项属性、系列属性及其竞争产品的比较	
3	市场细分调研	把拥有不同需求的消费者划分成不同的客户群，也就是将整个市场划分成若干个子市场。市场细分有利于企业对客户的需求进行定量分析，也有利于设计师针对目标市场有目的地开发、设计新产品	
4	消费行为调研	①购买产品的动机、消费结构的变化 ②了解人们的购买规律	
5	竞争对手调研	了解市场中有多少竞争对手和潜在的竞争对手，本企业产品与竞争对手产品的优势与劣势是什么。具体的调研内容包括竞争对手同类产品的技术性能、销售渠道、产品价格、推销方式、市场分布等	
6	营销调研	对本企业新产品和老产品的设计、质量、价格、广告、营销渠道、售后服务、市场占有率等问题进行调研	
7	市场行情调研	了解国际、国内家具市场的商品行情、流行趋势，分析市场行情的变化，预测家具市场走势，研究家具市场行情变化对新产品开发的影响等	
8	企业调研	生产情况、产品分析、成本分析、投资情况、资金管理、收支状况、企业文化和形象、公共关系、销售与市场等。了解企业的历史背景和现状、现有品牌及产品的理念和形象、产品家族及构成、传播途径及方式、现有销售市场情况、分销渠道等	
9	技术调研	实现产品的技术保障、企业和社会的物质技术条件、企业的技术力量和水平、生产工艺水平、科学技术发展动态、材料因素等	

（4）设计定位：

产品类型：多功能适老化家具

材质：白椿木+布艺

针对人群：自理老人

（5）草图构思与设计

适老家具设计要点

本项目旨在带给老人温馨舒适、安全质朴的优质居家生活。将参禅与修心融合，是为静心、洁心、禅心也。造型上将椅子与边几结合，功能上将坐具与香薰、恒温加热装置相结合，形式简洁大方、舒适方便，充分体现现代美学理念。

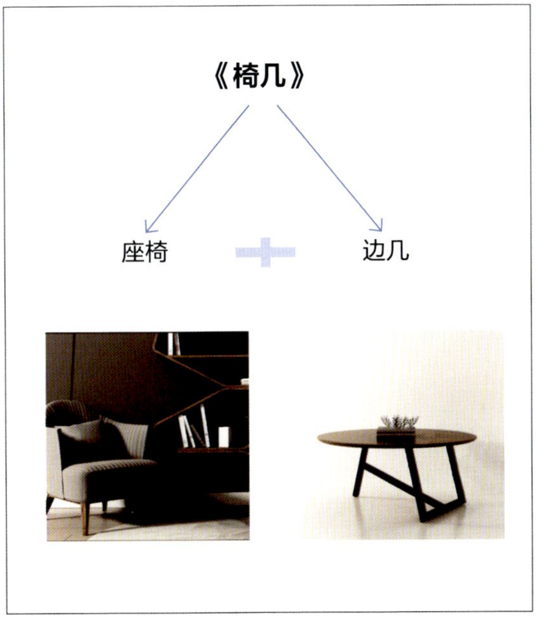

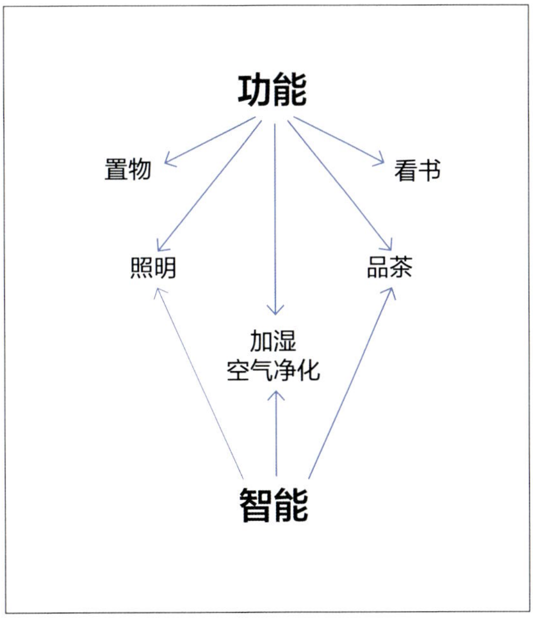

方案理念

草图设计：构思草图可以清晰地看到设计构思的发展变化过程。

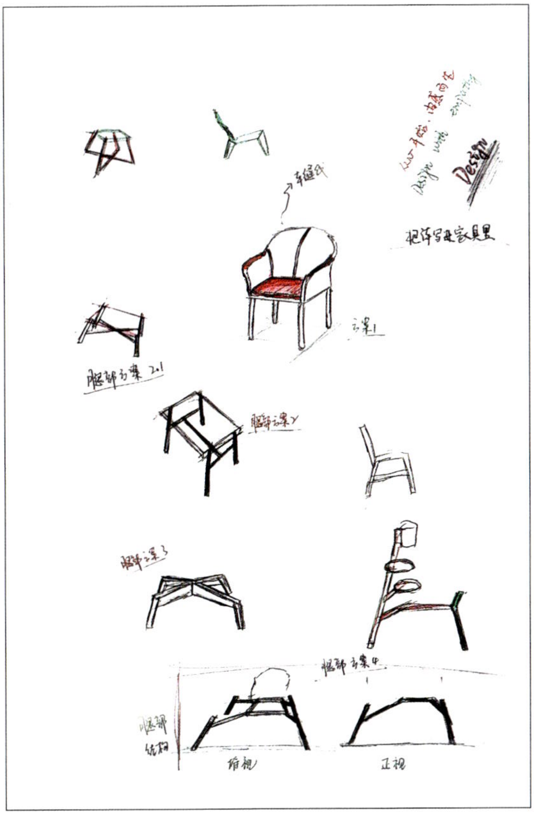

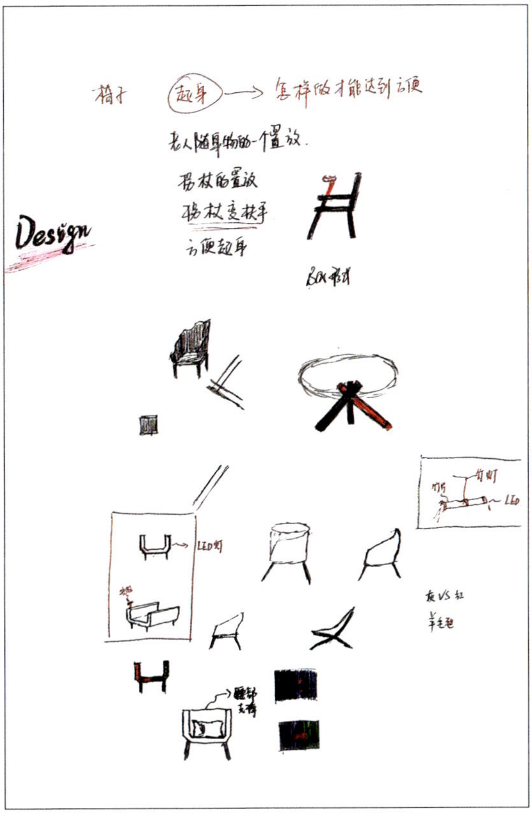

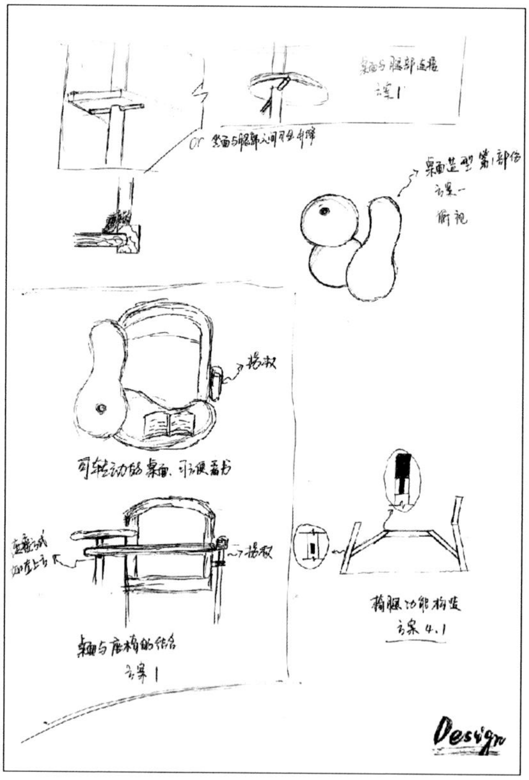
椅腿功能构造
Design

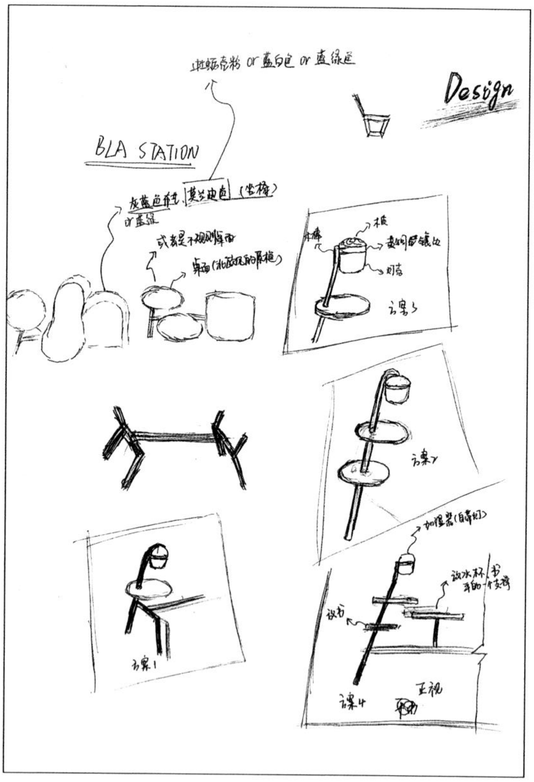
BLA STATION
Design

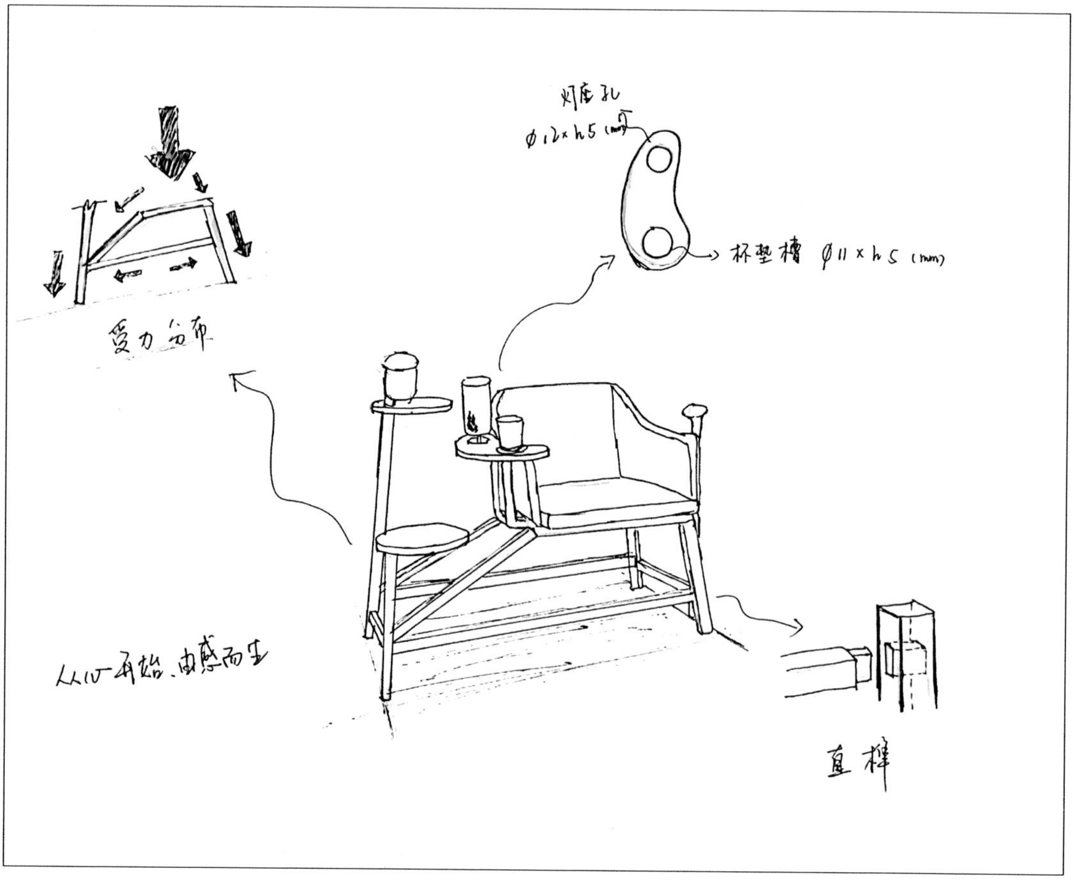
灯座孔
ø12×h5 (mm)
杯垫槽 ø11×h5 (mm)
受力分布
直榫

草图表现

（6）三视图的制作

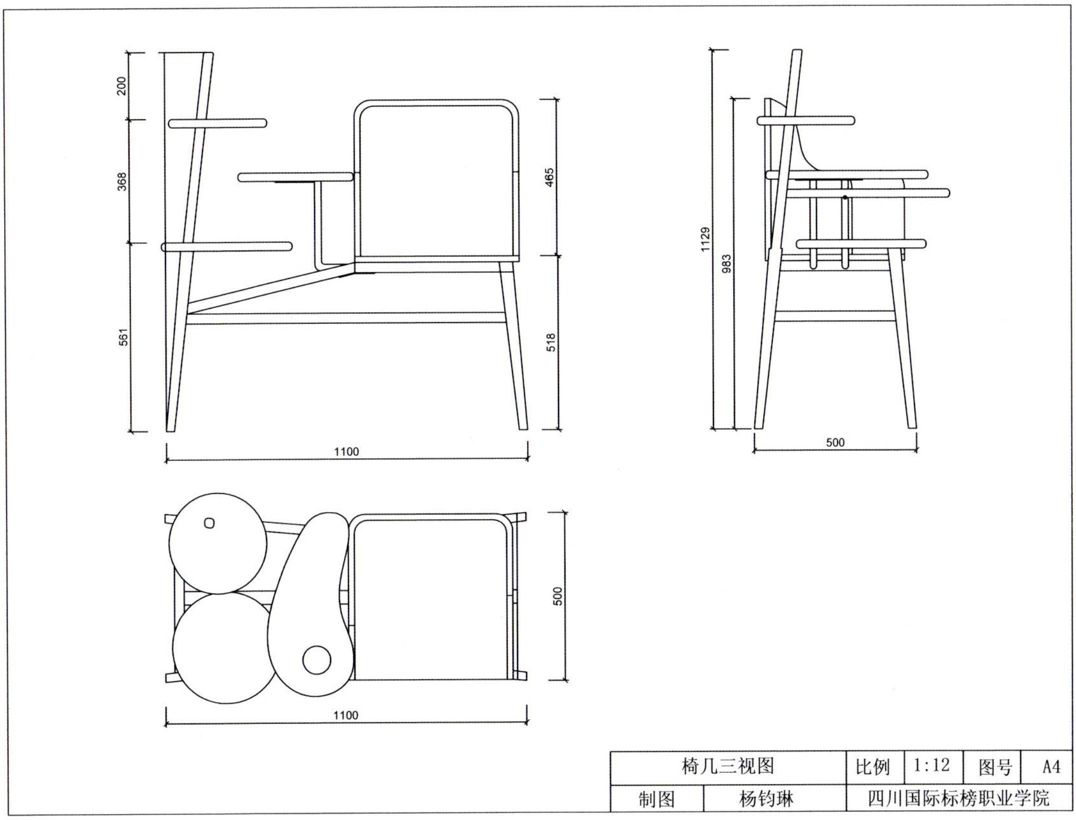

椅几三视图

（7）效果图的设计与制作

在草图设计的基础上，运用计算机软件制作三维效果图，下图为产品的效果图与六视图。

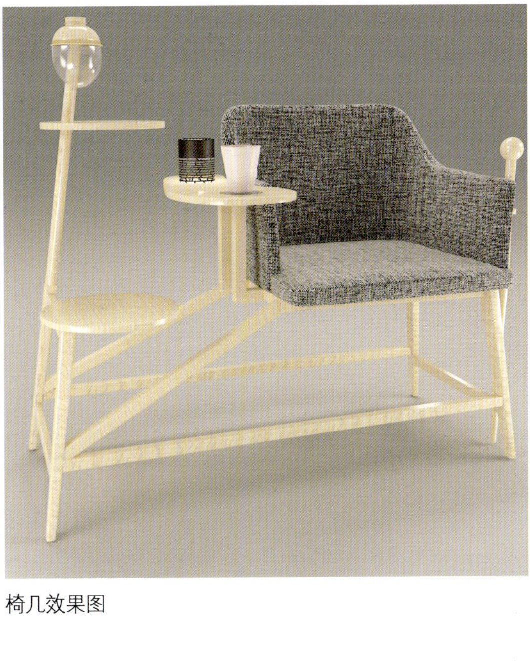

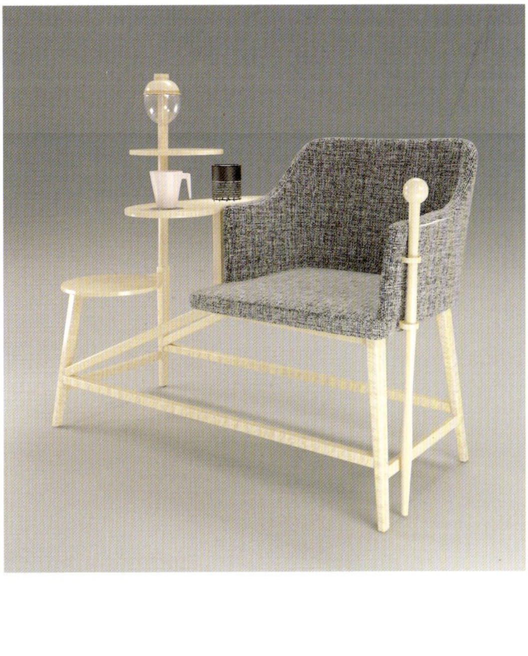

椅几效果图

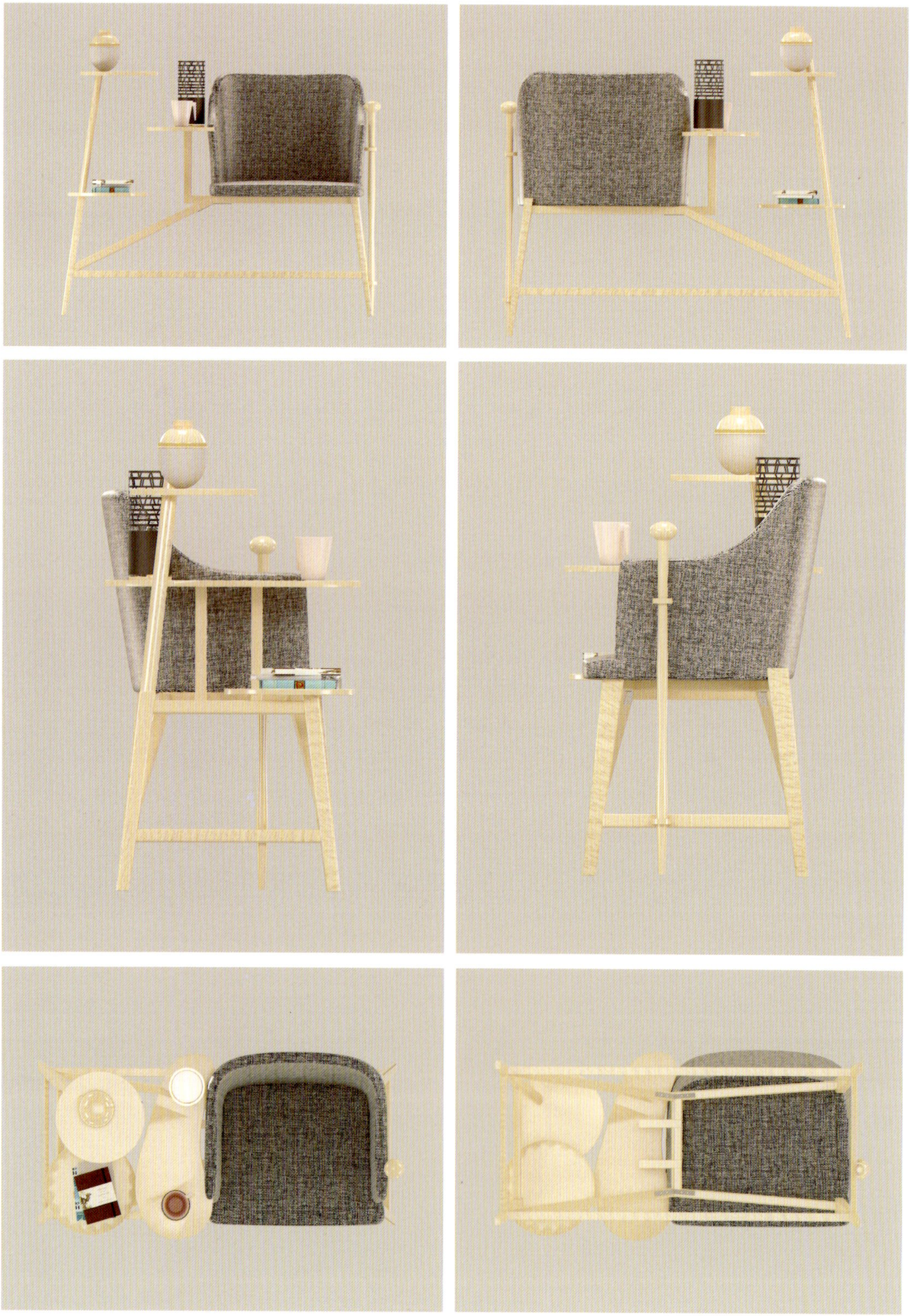

椅几六视图

细节设计：在家具的大致形态确定后，需进行大量的细节推敲与情感化设计，包括材质、肌理、色彩搭配等。

项目2 桌子设计

◆工作任务导入

了解项目设计的背景，明确本次项目的设计对象、设计风格、设计需求等基本信息。

项目背景与任务单	
项目主题	设计一张新中式风格的书桌
项目要求	①选用实木材质 ②体现温馨、自然的氛围 ③色彩简洁 ④融入中华优秀传统文化元素 ⑤具有一定的收纳功能
工作任务	任务内容：明确客户需求和要求，设计一张新中式风格的书桌 交付形式：设计方案PPT；三视图、效果图等关键图纸 课后作业：展板设计
项目设计师	设计师签名：________ 时　　间：________ 备　　注：________

◆小组协作与分工

请同学们按照自己的岗位意向和个人特长，选择合适的工作任务角色，完成下表。

小组名称	工作任务角色	组员姓名	个人特长
	项目负责人		
	调查员		
	绘图员（草图）		
	绘图员（三视图）		
	绘图员（效果图）		
	记录员		

◆知识导入

问题1：在我国传统家具设计史上，有哪些经典的桌案类家具设计？

问题2：从功能与人体工程的角度来看，书桌的设计要点有哪些？

问题3：实木书桌通常包括哪些结构部位？

2.1 知识准备

2.1.1 凭倚类家具

凭倚类家具是指家具结构的一部分与人体有关，另一部分与物体有关，主要供人们依凭和伏案工作，同时兼具收纳物品功能的家具。它主要包括桌台类和几类。

①桌台类。它是与人类工作方式、学习方式、生活方式直接发生关系的家具，其高低宽窄的造型必须与坐卧类家具配套设计，具有一定的尺寸要求，如写字台、抽屉桌、会议桌、课桌、餐台、试验台、电脑桌、游戏桌等（图2-1）。

②几类。与桌台类家具相比，几类一般较矮，常见的有茶几、条几、花几、炕几等。几类家具发展到现代，茶几成为其中最重要的种类。由于沙发家具在现代家具中的重要地位，茶几随之成为现代家具设计中的一个亮点。由于茶几日益成为客厅、大堂、接待室等建筑室内开放空间的视觉焦点家具，今日的茶几设计正在从传统的实用配角家具变成集观赏、装饰于一体的陈设家具，成为一类独特的具有艺术雕塑美感的视觉焦点家具。在材质方面，除传统的木材外，玻璃、金属、石材、竹藤的综合运用使现代茶几的造型与风格千变万化、异彩纷呈（图2-2）。

图2-1　凭倚类家具

图2-2　几类家具

凭倚类家具是人们工作和生活所必需的辅助性家具。

这类家具是方便人在坐、立状态下进行各种操作活动时，取得相应舒适度的辅助条件，兼具放置或贮存物品的作用。因此，它与人体动作产生直接的尺寸关系。一类是以人坐下时的坐骨支撑点（通常称椅座高）作为尺寸的基准，如写字桌、阅览桌、餐桌等，统称为坐式用桌；另一类是以人站立的脚后跟作为尺寸的基准，如讲台、营业台、售货柜台等，统称站立用桌。

2.1.2　坐式用桌的基本尺寸与要求

（1）桌面高度

桌子的高度与人体动作时肌体形状及疲劳有密切的关系。经实验测试，过高的桌子容易造成脊椎侧弯和眼睛近视等，从而使工作效率减退；桌子过高还会引起耸肩、肘低于桌面等不正确姿势，造成肌肉紧张、疲劳。桌子过低会使人体脊椎弯曲扩大，易使人驼背、腹部受压，妨碍呼吸运动和血液循环等，背肌的紧张也易引起疲劳。因此，令人舒适和正确的桌高应该与椅座高保持一定的尺寸配合关系，而这种高差始终是按人体坐高的比例设计的（图2-3）。所以，设计桌高的合理方法是应先有椅座高，然后再加上桌面和椅面的高差尺寸，便可确定桌高，即桌高 = 座高 + 桌椅高差（约1 / 3座高）。

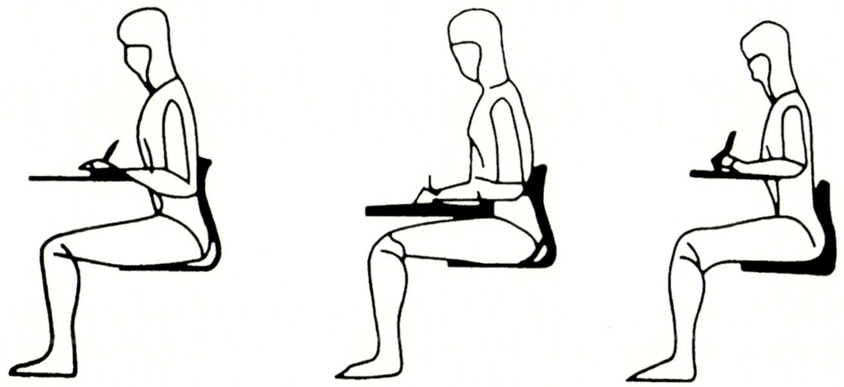

图2-3　桌子的高度

由于桌子不可能定人定型生产，因此在实际设计桌面高度时，要根据不同的使用特点酌情增减。如设计中餐桌时，要考虑端碗吃饭的进餐方式，餐桌可略高一点；设计西餐桌时，就要讲究用刀叉的进餐方式，餐桌就可低一点；如果是设计适于盘腿而坐的炕桌，一般多采用320～350 mm高度；若设计与沙发等休息椅配套的茶几，可取略低于椅扶手高的高度。

倘若因工作内容、性质或设备的限制必须使桌面增高，则可以通过加高椅座或升降椅面高度，并设足垫来弥补这个缺陷，使得足垫与桌面之间的距离和椅座与桌面之间保持正常高度，桌高范围为680～760 mm。

（2）桌面尺寸

桌面的尺寸应以人坐时手可达到的水平范围为基本依据，并考虑桌面可能置放物的性质及其尺寸大小。双人平行或双人对坐形式的桌子，桌面的尺寸应考虑双人的动作幅度互不影响（一般可用屏风隔开），对坐时还要考虑适当加宽桌面，以符合对话中的卫生要求等。总之，要依据手的水平与垂直活动幅度来考虑桌面的尺寸（图2-4）。

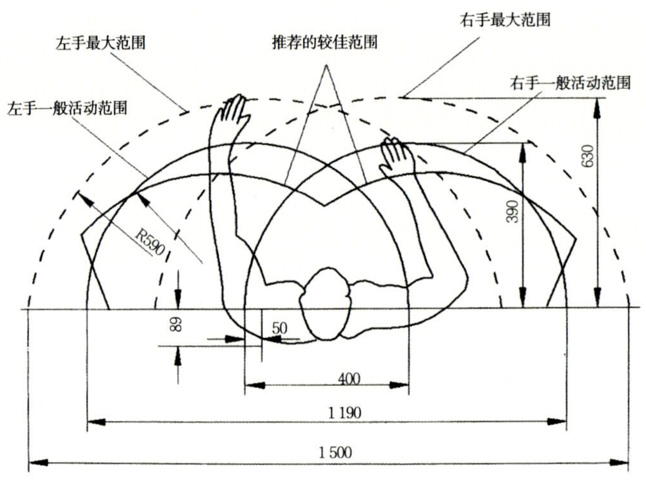

图2-4　手的水平活动幅度（单位：mm）

至于阅览桌、课桌等的桌面，最好应有约15° 的斜坡，能使人获取舒适的视域。因为当视线向下倾斜60° 时，则视线倾斜桌面接近90° ，文字在视网膜上的清晰度高，既便于书写，又使背部保持着较为正常的姿势，减少了弯腰与低头的动作，从而减轻了背部的肌肉紧张和酸痛现象。但在倾斜的桌面上往往不宜陈放东西，所以不常采用。

对于餐桌、会议桌之类的家具，应以人体占用桌面边缘的宽度去考虑桌面的尺寸，舒适的宽度是按600～700 mm来计算的，通常也可减缩到550～580 mm。各类多人用桌的桌面尺寸就是按此标准设计的。

（3）桌下净空

为保证下肢能在桌下放置与活动，桌面下的净空高度应高于双腿交叉时的膝高，并使膝部有一定的上下活动余地。所以，抽屉底板不能太低，桌面至抽屉底的距离应不超过桌椅高差的1／2，即120～160 mm。因此，桌子抽屉的下缘距离椅坐面至少应有178 mm的净空，净空的宽度和深度应保证双腿的自由活动和伸展。

（4）桌面色泽

在人的视野范围内，不同的桌面色泽会使人的心理、生理产生不同的反应，对工作效率产生一定影响。通常桌面不宜采用鲜明色调，因为色调鲜艳，不易使人集中视力。同时，鲜明色调往往随照明的亮暗程度而有所变化。当光照高时，色明度将增加0.5～1倍，这样极易使视觉过早疲劳。而且过于光亮的桌面，由于多种反射角度的影响，极易产生眩光，刺激眼睛，影响视力。此外，桌面经常与手接触，若采用导热性强的材料（如玻璃、金属材料等）做桌面，易使人感到不适。

2.1.3　站立用桌的基本尺寸与要求

站立用桌或工作台主要包括售货柜台、营业柜台、讲台、服务台、陈列台、厨房地柜洗台以及其他各种工作台等。

（1）台面高度

站立用工作台的高度，是根据人站立时自然屈臂的肘高来确定的。按照我国人体的平均身高，工作台高以910～965 mm为宜；对于要适当用力的工作而言，台面可稍降低20～50 mm（图2-5）。

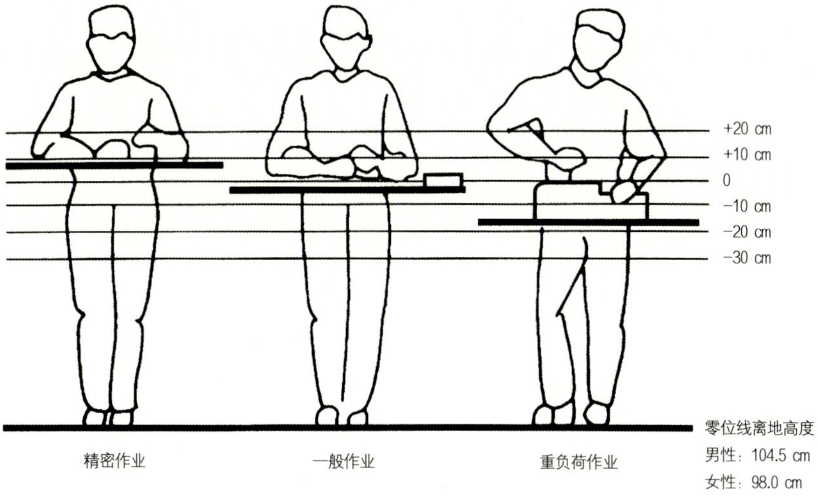

图2-5　站姿工作面高度与作业性质的关系

（2）台下净空

站立用工作台的下部，不需要留有腿部活动的空间，通常是作为收藏物品的柜体来处理。但在底部需有置足的凹进空间，一般内凹高度为80 mm、深度为50～100 mm，以适应人紧靠工作台时着力动作的需要，否则，难以借助双臂之力进行操作。

（3）台面尺寸

站立用工作台的台面尺寸主要由所需的表面尺寸、表面放置物品状况、室内空间和布置形式而定，没有统一的规定，视不同的使用功能做专门设计。至于营业柜台的设计，通常是兼采写字台和工作台两者的基本要求进行综合设计的。

2.1.4　凭倚类家具的主要尺寸

桌台、几案等凭倚类家具的主要尺寸包括桌面高、桌面宽、桌面直径、桌面深、中间净空宽、侧柜抽屉内宽、柜脚净空高、镜子下沿离地面高、镜子上沿离地面高以及为满足使用要求所涉及的一些内部分隔尺寸，这些尺寸在相应的国家标准中已有规定。本节除列有规定尺寸外，也提供了一些参考尺寸，供读者设计时参考。

（1）带柜桌

单柜桌（或写字台）基本尺寸如图2-6和表2-1所示。

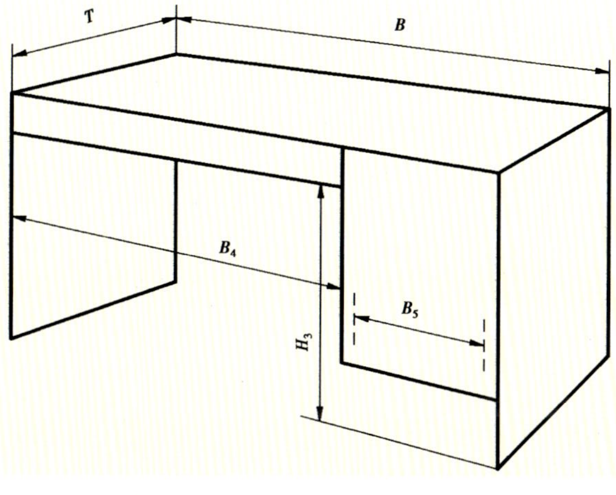

图2-6　单柜桌尺寸示意图

表2-1　单柜桌尺寸

单位：mm

桌面宽 B	桌面深 T	中间净空高 H_3	中间净空宽 B_4	侧柜抽屉内宽 B_5
900~1 500	500 ~ 750	≥580	≥520	≥230
注：当有特殊要求或合同要求时，各类尺寸由供需双方在合同中明示，不受此限。				

（摘自GB / T 3326—2016）

双柜桌基本尺寸如图2-7和表2-2所示。

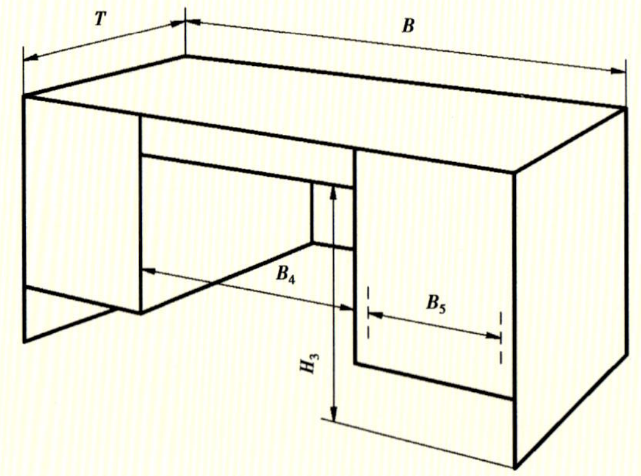

图2-7　双柜桌尺寸示意图

表2-2　双柜桌尺寸

单位：mm

桌面宽 B	桌面深 T	中间净空高 H_3	中间净空宽 B_4	侧柜抽屉内宽 B_5
1 200~2 400	600 ~ 1 200	≥580	≥520	≥230
注：当有特殊要求或合同要求时，各类尺寸由供需双方在合同中明示，不受此限。				

（摘自GB / T 3326—2016）

（2）单层桌

长方桌基本尺寸如图2-8和表2-3所示。

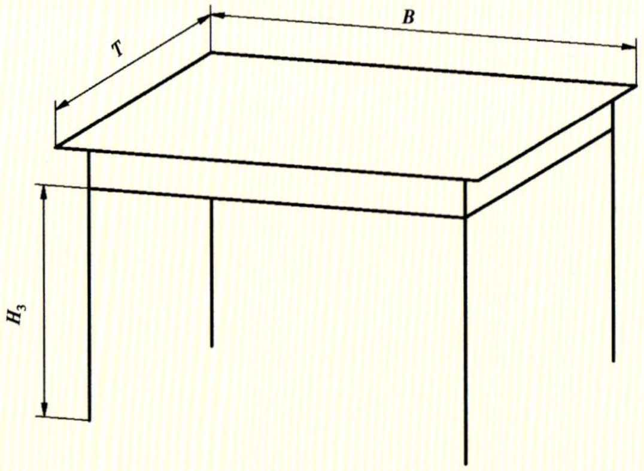

图2-8　长方桌尺寸示意图

表2-3　长方桌尺寸

单位：mm

桌面宽 B	桌面深 T	中间净空高 H_3
≥600	≥400	≥580
注：当有特殊要求或合同要求时，各类尺寸由供需双方在合同中明示，不受此限。		

（摘自GB / T 3326—2016）

方桌、圆桌基本尺寸如图2-9、图2-10和表2-4所示。

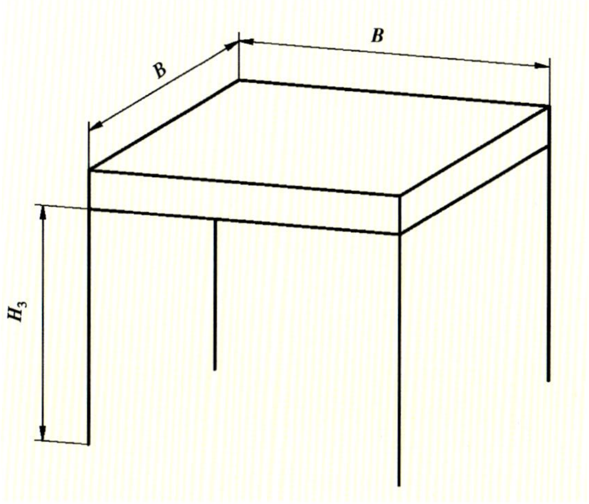

图2-9　方桌尺寸示意图

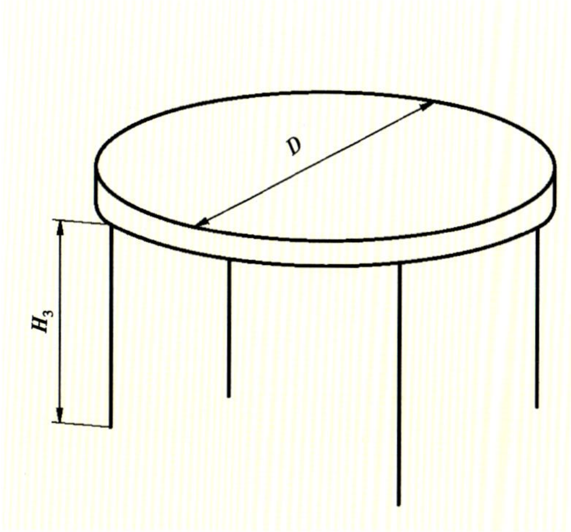

图2-10　圆桌尺寸示意图

表2-4　方桌、圆桌尺寸

单位：mm

桌面宽（或桌面直径） B或（D）	中间净空高 H_3
≥600	≥580
注：当有特殊要求或合同要求时，各类尺寸由供需双方在合同中明示，不受此限。	

（摘自GB / T 3326—2016）

（3）梳妆桌

梳妆桌的基本尺寸如图2-11和表2-5所示。

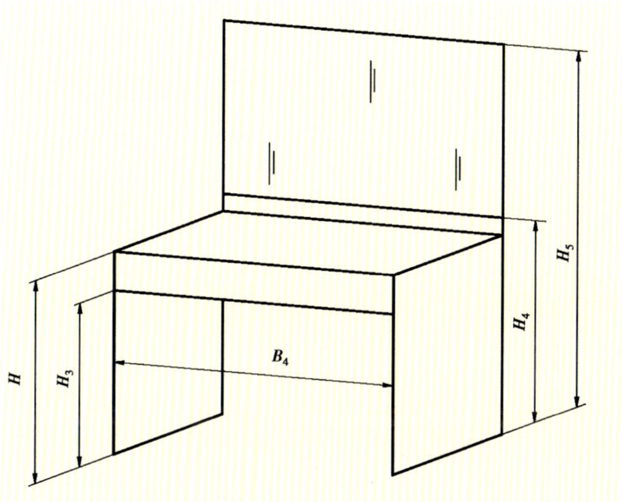

图2-11　梳妆桌（梳妆台）尺寸示意图

表2-5　梳妆桌（梳妆台）尺寸

单位：mm

桌面高 H	中间 净空高 H_3	中间 净空宽 B_4	镜子 下沿离 地面高 H_4	镜子 上沿离 地面高 H_5
≤740	≥580	≥500	≤1 000	≥1 400
注：当有特殊要求或合同要求时，各类尺寸由供需双方在合同中明示，不受此限。				

（摘自GB / T 3326—2016）

2.2 工作任务实施

任务1 设计调查与定位

一、任务解析

负责人：项目负责人

	任务解析	答案
问题1	根据项目背景，能提炼客户的信息有哪些	
问题2	客户需要什么类型的实木书桌	
问题3	客户需求有哪些	

二、设计调查与定位

负责人：调查员、记录员

实施步骤	任务思考	任务记录
步骤1 回顾设计调查的方法	回顾设计调查的方法，本项目适合采用什么调查方法	
步骤2 明确设计调查的方向	根据设计调查的方向，拟定问题，制作问卷调查表、访谈问题等，并对客户进行问卷调查或访谈 例如： ①现在市场上新中式风格的书桌设计品牌与特征是什么 ②新中式书桌的设计要点有哪些	问卷调查表、访谈问题
步骤3 确定设计定位	根据设计调查与分析结果，确定项目的设计定位是什么？如用户定位、市场定位等	

注意事项

在进行设计调查时要注意基本礼仪，把握好与客户交谈的方式、方法，不仅要懂礼貌、表现出亲和力，还要尊重客户的想法与要求，这样才能提高调查质量，得到准确的设计定位。

任务2 方案构思与造型设计

一、任务思考

负责人：项目负责人

	任务思考	答案
问题1	客户需要什么类型的实木书桌	
问题2	回顾课程知识，书桌的造型设计有哪些方法	

二、书桌创意构思与草图、三视图表达

负责人：绘图员

实施步骤	任务思考	任务记录
步骤1 概念草图绘制	根据设计定位和书桌的造型设计方法，完成概念草图	概念草图
步骤2 概念草图优化	①当前的概念草图方案，具备哪些功能 ②当前的概念草图方案，分别解决了什么问题 ③当前的概念草图方案，创新设计体现在哪些地方	概念草图修改稿
步骤3 细节设计与表达	在家具的大致形态确定后，进行大量的细节推敲与情感化设计，包括材质、肌理、色彩搭配与细节设计等	细节草图
步骤4 三视图绘制	①三视图包括哪些视图 ②家具三视图的表达方法有哪些 ③根据书桌的人体工程学知识和国家标准、行业标准，确定具体尺寸，完成三视图的绘制 ④对接家具设计师职业资格证的相关标准，制作三视图的各个视图	三视图
步骤5 草图方案确定	确定最终的草图设计方案，标注基本尺寸、材质等	设计草图

注意事项

在进行书桌的草图方案设计与表达时，要与时俱进，融入新材料、新技术等。同时要注意造型的创新，满足大众审美。

任务3　效果图设计与方案深入

一、任务思考

负责人：项目负责人

	任务思考	答案
问题1	书桌的效果图制作会用到3ds Max软件的哪些命令	
问题2	效果图制作的步骤有哪些	

二、效果图绘制

负责人：绘图员

实施步骤	任务思考	任务记录
步骤1 3D模型制作	根据设计草图方案，完成3D模型制作	3D模型制作

续表

实施步骤	任务思考	任务记录
步骤2 效果图初稿绘制	①检查当前3D模型的尺寸、比例是否与设计草图方案一致 ②拆分书桌模型的结构部件，推敲其是否具有可行性 ③根据草图方案的CMF，赋予模型材质和贴图，完成效果图初稿绘制	效果图初稿
步骤3 效果图渲染	根据建模的相关标准，完成效果图渲染与出图	效果图终稿

注意事项

在进行书桌的3D模型制作时，注意部件与部件之间的结合细节，注意复杂造型的建立，要严谨细致、精益求精，这样才能建出比例正确、观感舒适的模型。

任务4　结构与工艺设计

一、部件结构图

负责人：项目负责人

	任务思考	答案
问题1	实木书桌的部件结构包括哪些	
问题2	绘制部件结构图，需要用到哪些软件	

二、部件结构图、材料明细表制作

负责人：绘图员、记录员

实施步骤	任务思考	任务记录
步骤1 部件结构图绘制	根据3D模型和三视图，完成部件结构图绘制	部件结构图
步骤2 材料明细表制作	根据部件结构图的具体尺寸，完成材料明细表	材料明细表

注意事项

部件结构图和材料明细表的制作，会涉及每一个家具的部件、零部件的造型和尺寸，需要耐心、细心、恒心，才能把工作做好。

任务5　企业专家、客户在线指导意见

负责人：项目负责人、记录员

企业专家 在线指导意见	
客户 在线指导意见	

2.3　拓展案例

案例1　Y字餐桌设计

设计团队：贪新家具

产品类型：餐桌

（1）设计定位

设计之前收集大量的资料，分析后确定：

风格：现代

材质：白橡木

使用空间：餐厅

（2）设计构思

餐桌造型设计的灵感来源于字母Y，在保证桌子结构稳定和满足人体工学的前提下，桌腿的形式采用倒Y字形，简洁大方。采用白橡木材质，整体纹理流畅，自然美观。

（3）效果图展示

Y字餐桌效果图

（4）家具结构与工艺设计

三视图：

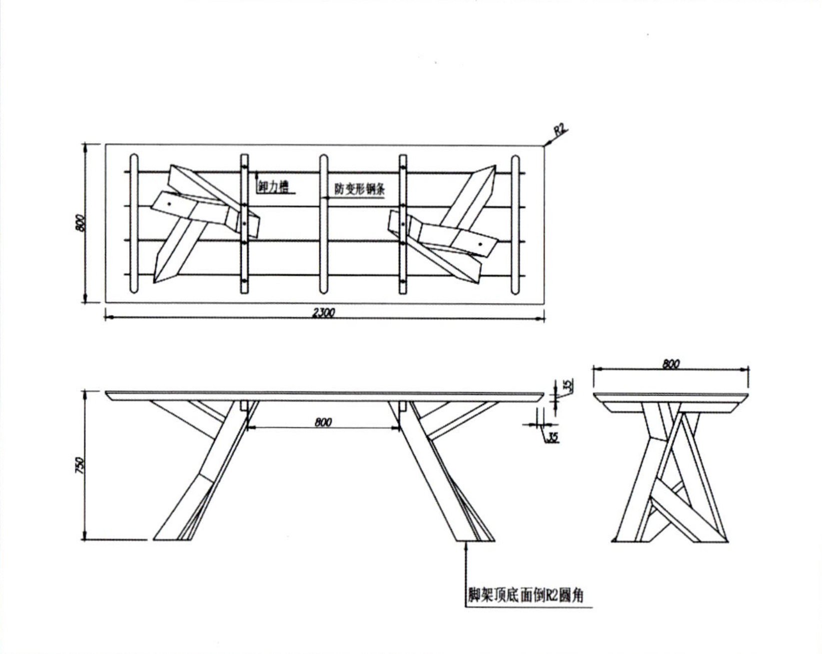

奇才木作 木作定制	
订单号	
地区+姓名	广州 张锐辉
地 址	
联系方式	
柜体名称	定制 Y 字餐桌
颜 色	白橡木 原木色
柜 体	
柜 门	
柜门工艺	
柜体工艺	
收口条	
看面板	
衣杆	
开门拉手	
抽面拉手	
特殊备注	
DTC阻尼三节轨	副 副
DTC液压阻尼铰链数量	直臂 个 大弯 个 中弯 个
其他配件	

说明：收口方式：若墙面不平，侧收口可能与墙面会有缝隙，能否接受打胶处理，或者收口条现场切割。因地面或者顶面不平，是否能接受顶封板现场切割或者打胶处理，若不能接受，设计只有按最低点设计，上面会留缝隙客户自行处理。

直营门店	设计师	联系电话	出图时间	审单	联系电话	柜体面积	此柜共	页	客户确认
						m^2	此图为第	页	签字：

Y字餐桌三视图

材料明细表：

单位：mm

1	1	Y字餐桌							注意拼板纹理 桌面按照图片倒边
1	1	桌面	2300	800	45	1	白橡木	白橡木 原木色	见图制作，背面拉卸力槽，加防变形钢条
2	1	台面下 方拉条	700	50	30	2	白橡木	白橡木 原木色	
2	1	桌腿	850	134	110	2	白橡木	白橡木 原木色	见图制作，下料加长加宽
2	1	桌腿	467	134	110	2	白橡木	白橡木 原木色	见图制作，下料加长加宽
2	1	桌腿	550	134	110	2	白橡木	白橡木 原木色	见图制作，下料加长加宽
1	1	立型椅550×590×750						白蜡木 原木色	白蜡木，原木色尽量找和桌子颜色接近的

材料明细表

拓展学习：拼板机——拼板

拓展学习：平、压刨

拓展学习：手压砂床—精细打磨工件表面

案例2　玄关桌设计

设计团队：四川高晟家具有限公司

产品类型：玄关桌

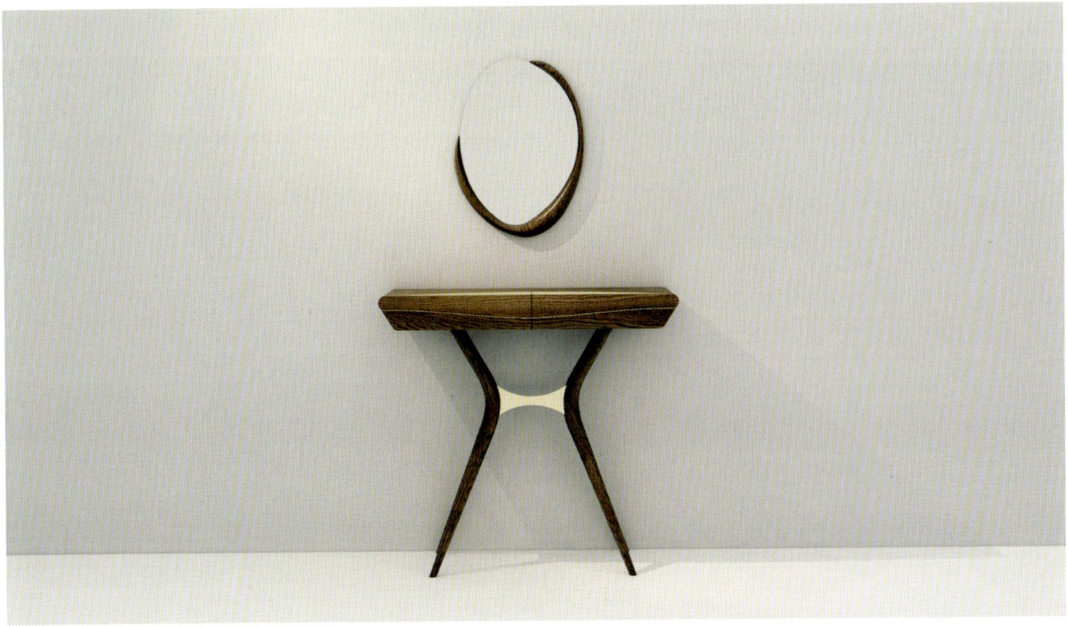

玄关桌设计展示

（1）设计定位

风格：现代玄关桌

材质：水曲柳+铜

使用空间：入户空间

（2）产品创意设计

采用具有东方古典仪式感、流畅写意的线条，展现出优美轻盈的视觉效果，整个作品充满曲线的雕塑感。

优选高品质水曲柳实木，承重出色，优美的纹路增添视觉美感。对木作精雕细琢，纯手工打磨，温润的触感，板栗色的油漆，自然温暖实木材质，看得见摸得着的自然纹理。

自然流动的铜线贯穿着视觉中心，镜片嵌入到木作间，像是在自然界的万年木头上已经放置了多年的圆镜，充满了生命力。

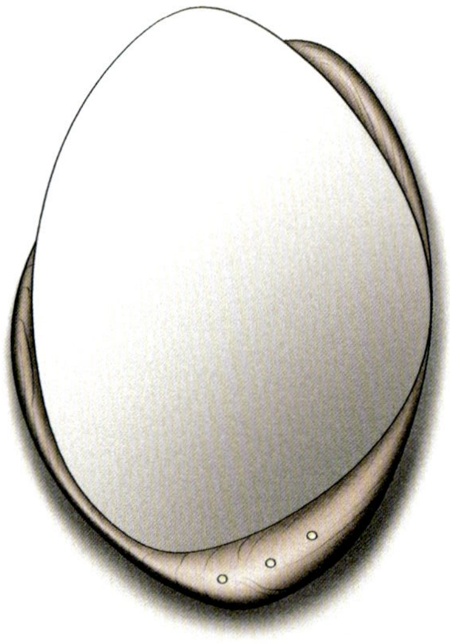

手绘图一

手绘图二

（3）效果图展示

效果图一

效果图二

（4）家具结构与工艺设计

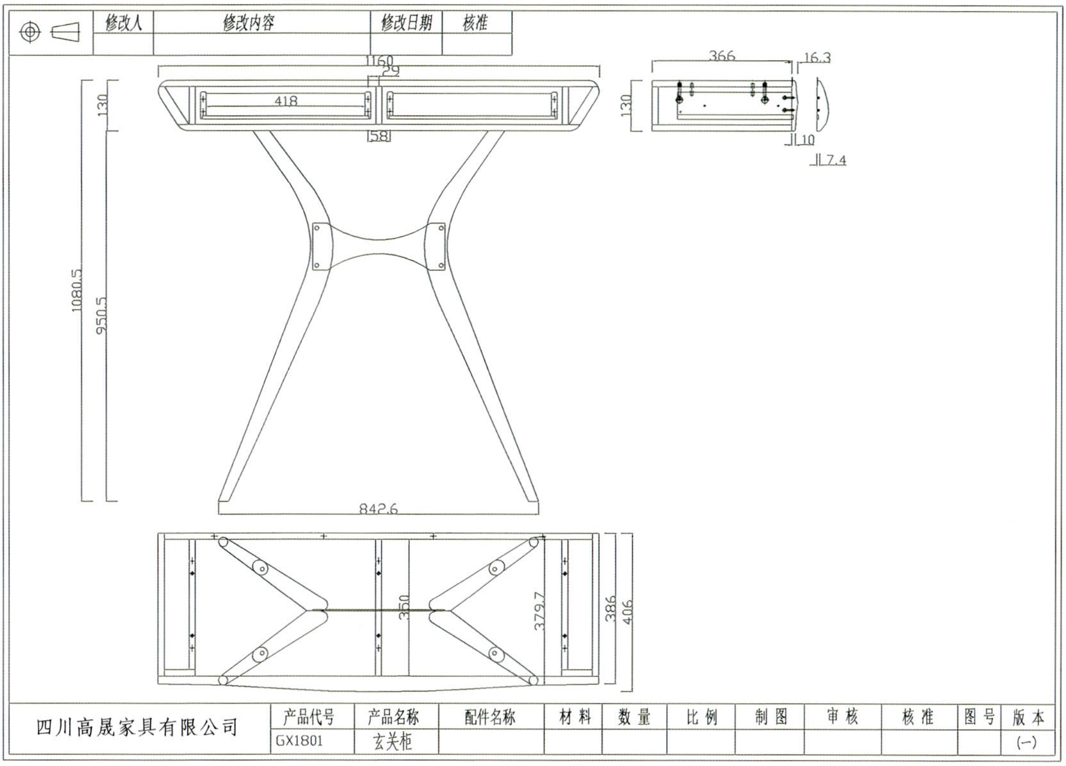

工艺设计图1

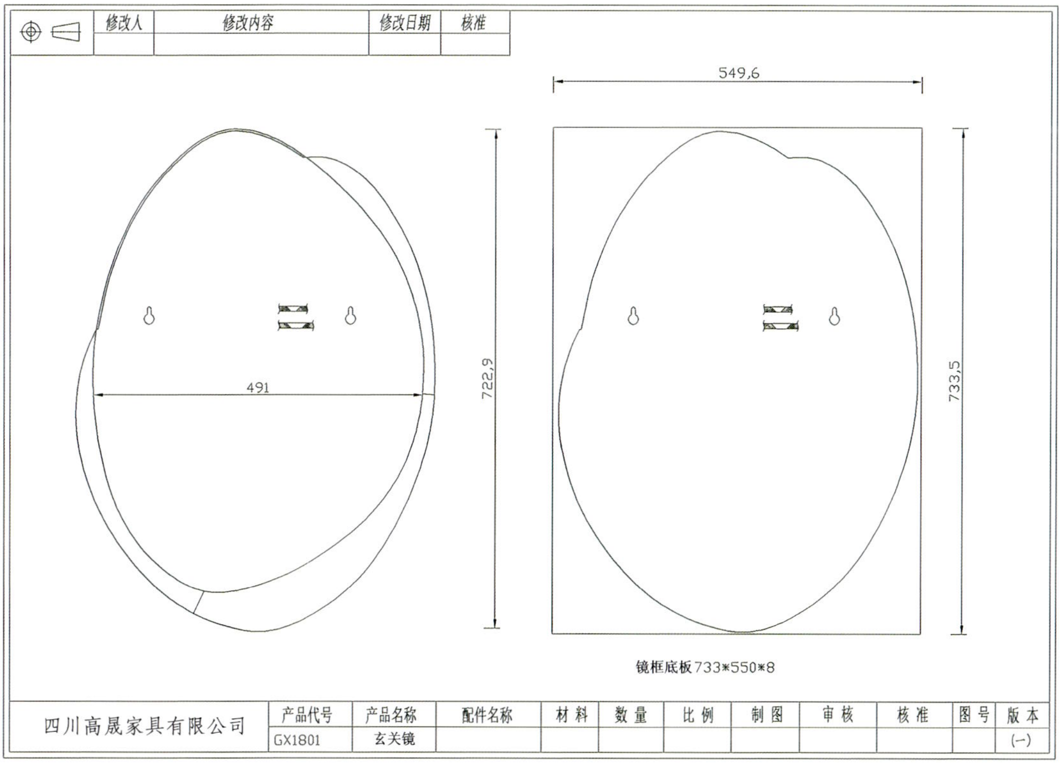

工艺设计图2

评价与总结

一级指标	二级指标	评价内容	自评（10%）	互评（10%）	教师（40%）	企业专家（20%）	客户（20%）	小计
工作能力（70分）	小组协作能力	能够为小组提供信息，质疑、归纳和检验，提出方法，阐明观点等能力（10分）						
	实践操作能力	椅子或书桌设计方案制订能力（10分）						
		椅子或书桌草图设计能力（10分）						
		椅子或书桌设计方案展示能力（10分）						
	表达能力	能够正确地组织和传达工作任务的内容（10分）						
	设计与创新能力	能够设计出符合大众审美的书桌（10分）						
		能够设计出独具创意的书桌（10分）						
家具作品设计（30分）	职业岗位能力	创新性、科学性、实用性（10分）						
		解决客户的实际需求（10分）						
		客户满意度（10分）						
综合得分								
个人小结								

技能训练

训练1（难度：★）

（1）项目名称：单体家具造型创意设计。

（2）训练目标：学会正确运用家具造型的形式美学法则，将不同的构成要素合理地进行组合，设计出具有良好外观形式的单体家具；掌握家具手绘表现技巧。

（3）训练内容和方法：利用制图工具，绘制5款单体家具造型设计。

（4）考核标准：是否足额完成；造型是否新颖、美观；色彩选择是否恰当；透视是否准确；手绘表现技巧是否正确。

训练2（难度：★★★）

（1）项目名称：实木家具结构创意设计。

（2）训练目标：通过实木家具结构的学习，掌握实木家具的接合方式和结构设计要点，学会实木家具结构图纸的表达方法，提高家具设计技能。

（3）训练内容：根据实木家具样品，绘制其三视图、轴侧图和零件部件图，合理利用各种软件及专业知识进行辅助，掌握实木家具产品的不同连接方式。

（4）训练考核方式和标准：考核方式分为过程考核和结果考核两方面，各占50%。过程考核主要考核学生的团队协作能力、任务解析能力、沟通协调能力等。结果考核主要考核学生的专业能力，包括结构设计、图纸表达等。

训练3（难度：★★★）

（1）项目名称：单体家具新产品开发设计——适老化休闲椅设计。

（2）训练目标：通过一个完整的家具方案设计，让学生掌握家具创新设计的方法，熟悉家具设计岗位的工作流程与岗位要求。

（3）训练内容和要求：本项目训练的内容为家具设计及设计文件的制作。要求按照家具设计的步骤，综合考虑老年群体的身体机能和心理需求，对休闲椅的外观造型、结构、功能等方面进行设计，徒手绘制构思草图和设计草图，利用绘图工具绘制家具的生产图纸和效果图，编写各种生产明细表及清单。撰写设计说明，自行设计封面并装订成册。通过此项目的练习，学会关心关爱老年群体，敬老爱老，促进社会和谐稳定发展。

（4）考核标准：考核方式分为过程考核和结果考核，其中过程考核占30%，结果考核占70%。过程考核主要考核学生完成任务的态度、团队协作能力、过程参与度、沟通协调能力等。结果考核主要考核学生的专业能力，按照所完成方案的完整性和质量进行考核评分。

训练4（难度：★★★★★）

（1）项目名称：成套家具新产品开发设计——儿童房系列家具设计。

（2）训练目标：通过一个完整的成套家具方案设计，让学生掌握家具创新设计的方法，熟悉家具设计岗位的工作流程与岗位要求，注重成套家具产品之间的协调统一。

（3）训练内容和要求：本项目训练的内容为成套家具产品的设计及设计文件的制作，强调的是不同家具产品之间的协调统一，如材质、色彩、造型元素、结构、工艺、细节表现等方面。要求按照家具设计的步骤，徒手绘制构思草图和设计草图，利用绘图工具绘制家具的生产图纸和效果图，编写各种生产明细表及清单。撰写设计说明，自行设计封面并装订成册。通过此项目的练习，学会关爱儿童成长，增强爱幼助幼的责任感和使命感，提高个人综合职业素养。

（4）考核标准：考核方式分为过程考核和结果考核，其中过程考核占30%，结果考核占70%。过程考核主要考核学生完成任务的态度、团队协作能力、过程参与度、沟通协调能力等。结果考核主要考核学生的专业能力，按照所完成方案的完整性和质量进行考核评分。

训练作业清单

（1）问卷调查表、访谈问题
（2）概念草图
（3）概念草图修改稿
（4）细节草图
（5）三视图
（6）设计草图
（7）3D模型制作
（8）效果图初稿
（9）效果图终稿
（10）部件结构图
（11）材料明细表

学习模块二

软体家具设计

软体家具指以实木、人造板、金属等为框架材料，用弹簧、绷带、泡沫塑料等作为弹性填充材料，表面以皮、布等面料包覆制成的家具。现代软体家具包括沙发、软床、床垫等坐卧类家具。

知识目标

（1）掌握沙发材料的种类及其特点。

（2）熟悉沙发设计要素。

（3）熟悉沙发结构类型。

（4）熟悉沙发设计文本的内容和制作要求。

能力目标

（1）能够基于用户需求分析，选择适合的主题，进行沙发家具的造型和功能设计。

（2）能够根据使用、造型和环保要求，合理选择沙发材料。

（3）能够根据使用和造型要求，进行沙发的尺寸比例、结构和细节设计。

（4）学会现代软体家具的内部结构分析与设计表达方法。

素质目标

（1）提升自主学习能力和团队协作能力。

（2）关注家具产品设计生命周期，树立绿色环保的理念。

（3）具备以人为本，分析并解决实际问题的能力。

（4）养成诚实守信、严谨认真等基本职业素养。

（5）关注优秀传统文化，树立民族文化自信。

项目3　沙发设计

◆工作任务导入

任务背景	对标国内沙发设计大赛和沙发设计师岗位任务要求，设计情境项目的任务和考核指标。学生以组为单位，在完成沙发设计项目的过程中，学习、巩固现代家具造型设计基础知识和沙发设计相关知识，掌握沙发设计基本技能
任务要求	结合市场需求，运用现代家具造型设计手法，从功能、造型出发，创新设计一件/一组主题明确的沙发，设计作品应倡导现代家居生活的创新性、生态性、功能性、前瞻性和艺术性，并将实用与创新设计的理念贯穿在家具设计和使用的整个生命周期
交付形式和内容	任务提交的内容须包括作品的设计构思过程记录、三视图、整体效果图、局部效果图、结构分析图、200字的内设计说明（设计理念、功能、材质及制造工艺等方面）等。提交的成果应包括设计汇报方案册和A3竖向展板

◆小组协作与分工

请同学们按照自己的岗位意向和个人特长，选择合适的工作任务角色，完成下表。

小组名称	工作任务角色	组员姓名	个人特长
	项目负责人		
	调查员		
	绘图员（草图）		
	绘图员（效果图）		
	绘图员（结构图）		
	记录员		

◆知识导入

问题1：　简述软体家具的概念。

____

问题2：　市场三大核心软体家具产品是什么？

____

问题3：　软体家具设计要素有哪些？

____

单人沙发设计学生作业案例

3.1 知识准备

3.1.1 软体家具概念与分类

软体家具指以实木、人造板、金属等为框架材料，用弹簧、绷带、泡沫塑料等作为弹性填充材料，表面以皮、布等面料包覆制成的家具。现代软体家具包括沙发、软床、床垫等坐卧类家具，其中沙发是最具代表性的产品，故本书选择沙发作为重点学习内容。

沙发可按照座面包覆面料、弹性材料、框架结构和框架材料进行分类。按照座面包覆面料，沙发可分为皮革沙发、布艺沙发和布革沙发等；按照弹性材料，沙发可分为包布弹簧沙发、蛇簧沙发、绷带沙发、海绵沙发、混合型弹簧沙发等；按照框架结构，沙发可分为框架全包沙发和框架外露沙发；按照框架材料，沙发可分为木质框架沙发、金属框架沙发等（图3-1、图3-2）。

图3-1 框架全包沙发

图3-2 框架外露沙发

3.1.2 沙发设计要素

沙发是室内空间的重要组成元素，它不仅是一个简单的坐具，更是室内风格的代表，在设计沙发时，功能、材料、结构与色彩等要素都至关重要，它们共同影响着沙发的品质与整体效果。

（1）功能

功能是沙发设计的首要考虑因素。沙发的主要功能是提供人们坐、躺、休息的空间，随着经济和科技发展，沙发被赋予更多特殊功能。沙发电动功能位的出现更加频繁，变化的范围更多，除了传统的腿部抬高功能外，还出现了座位前后调节、上下调节的功能；通过功能五金以及与遥控装置的对接，头靠与腰靠的调节更加多元便利；USB等智能接口全面普及；等等。以功能为导向的智能化设计已成为现代沙发设计的发展趋势。设计时应根据使用场景和用户需求来规划沙发的形状、尺寸、布局和功能等。

（2）材料

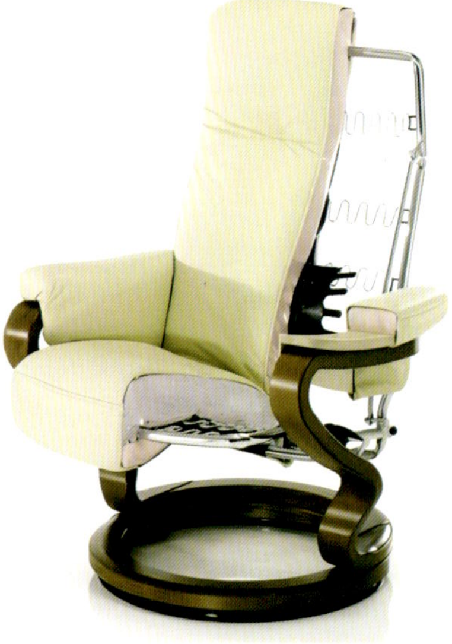

图3-3　金属框架沙发

沙发材料对其品质和寿命有着重要影响。制造沙发的原辅材料主要包括骨架材料、弹簧、软垫物、底带、底布、钉、绳、面料、胶黏剂和五金连接件等。与传统沙发相比，现代沙发在制作方面的创新是利用人造板局部替代全实木的框架结构，减少或不使用弹簧，采用海绵等新型材料作为填充材料。

①骨架材料：木材、木质复合材料、金属均可作为软体家具的骨架材料（图3-3）。沙发、沙发凳及沙发椅等软体家具常用各种木材、胶合板等作骨架。

根据骨架是否可见，制作沙发框架时，对木材选材的要求有所不同。对骨架材料全部被包住而不外露的全包沙发，选材时要求木材的硬度要适中，对木材花纹及材色无要求，木材的含水率一般应控制在12％～18％，木材中不得有活虫或白蚁，否则应进行杀虫处理，以提高骨架的质量。对于骨架外露的软体家具，其外露部分的零部件一般要求选用木纹美观、硬度较大的优质材，如水曲柳、桦木、橡木等。

沙发内部材料介绍

②骨架配件：软体家具的骨架配件主要有弹簧、绷带、底布、塑料网、钉、绳等。

弹簧：软体家具常用的弹簧有圆柱形螺旋弹簧、中凹型螺旋弹簧、圆锥形螺旋弹簧、蛇形弹簧、拉簧、穿簧等（图3-4）。

绷带：俗称松紧带、橡筋，由粗麻线织成约为50 mm以上宽度的带子，卷成圆盘销售（图3-5），常和蛇形弹簧配合用于沙发的座框、背框，支撑上面的海绵和承受人体的载荷。市场常见绷带宽度有50 mm、75 mm、100 mm等，75 mm、100 mm受力较大，常用于座框，制作沙发时可根据实际需求加以选择。

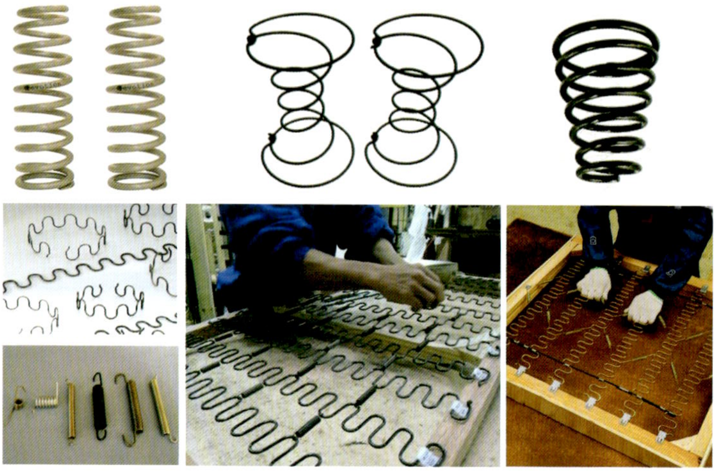

图3-4　沙发内部常用弹簧

图3-5　沙发绷带

底布：软体家具中常用的底布有麻布、棉布、化纤布、无纺布等，底布一是用于框架和填充材料之间，起保护与支撑作用；二是用于靠背后面、底座下面作为沙发遮盖布，起防尘作用。

塑料网：一般用于绷带和蛇簧的上方，用于隔离绷带、蛇形弹簧和海绵材料，避免使用时海绵被挤压入蛇簧造成开裂，降低使用寿命，其功能和上述底布作用相同，一般不同时使用。

钉、绳：沙发内部的框架隐藏在软包内部，因此木方材无须开榫，木方材之间、木方材与胶合板等木质材料的连接主要为简易的钉结合。制作沙发时使用的钉有圆钉、木螺钉、U形枪钉、一字形枪钉、泡钉等，有时内部框架之间的连接需要紧固螺栓以确保连接强度。

沙发制作使用的绳有蜡绷绳、细纱线、嵌绳等。蜡绷绳由优质棉纱制成，并涂上蜡，能防潮、防腐。主要用于捆扎圆锥形、中凹型螺旋型弹簧和圆柱形螺旋弹簧，以使每只弹簧对底座或靠背保持垂直，并相互连接成牢固的整体，以获得合适的柔软度，同时使之受力比较均匀；细纱俗称纱线，主要用来将弹簧与紧蒙在弹簧上的麻布缝在一起，也用于麻布四周的锁边，以使周边的轮廓平直而明显；嵌绳又称嵌线，缝制在面料与面料周边交接处，以使家具的棱角线平直、明显、美观。

③软质填充层材料：软体家具软质填充层常见的材料主要有海绵、羽绒、杜邦棉、纤维棉、公仔棉和螺旋弹簧等（图3-6）。

图3-6　沙发内部软质填充材料

④面料：软体家具面料可以是各类皮、棉、毛、化纤织品等，也可是各类人造革。沙发属于坐、卧类家具，与人体接触紧密，使用频繁，这就对沙发表面材料提出了要求。一方面，沙发材料要具有良好的触感、质感，满足人体对舒适、健康的要求；另一方面，作为主要家具之一，其表面材料的形态、颜色、图案与室内环境的协调搭配同样重要。面料及其构成可以很好地强化软体家具气质，或粗犷厚实，或婉约细腻。要达到特有的艺术效果，离不开对面料品种、厚度、纹理等的合理选择，还离不开块面组合、线型、针样等的科学表达（图3-7）。

（3）结构

沙发的结构决定了其稳定性和耐用性，沙发丰富的造型也需要通过结构体现出来。常见的沙发一般由框架、软质填充层、面料三部分构成（图3-8）。框架构建了沙发稳固的内部结构，也塑造了沙发的基本造型（图3-9），常见的有木质框架、金属框架、竹藤框架、功能沙发框架等；软质填充材料对沙发不同部位的弹性、舒适度、使用寿命等起着至关重要的作用；面料的质地、色彩等则直接展现沙发的风格品位。沙发的框架、软质填充材料和面料三者之间的结合方式决定了沙发的内部和外观结构，对沙发的外观造型、结构强度和使用寿命起着重要作用。

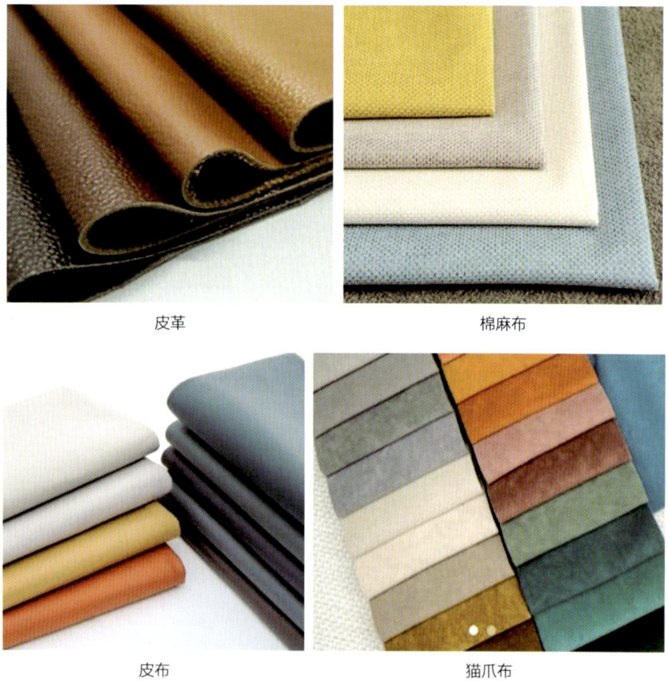

图3-7　沙发常用面料

（4）造型

①造型手法：家具造型是一种在特定使用功能要求下，自由而富于变化的创造性造物手法，它没有固定的模式来包括各种可能的途径。但是根据家具的演变风格与时代的流行趋势，现代家具以简练的抽象造型为主流，具象造型多用于陈设性观赏家具或家具的装饰构件。为了便于学习与把握家具造型设计，根据现代美学原理及传统家具风格，我们把家具造型的方法分为抽象理性造型法、有机感性造型法、传统造型法三大类。

抽象理性造型法：以现代美学为出发点，采用以纯粹抽象几何形为主的家具造型构成手法。抽象理性造型法具有简练的风格、明晰的条理、严谨的秩序和优美的比例，在结构上呈现数理的模块、部件的组合。从时代特点来看，抽象理性造型法是现代家具造型的主流，它不仅有利于大工业标准化批量生产，产出经济效益，具有实用价

图3-8　沙发的结构组成

沙发内部结构解析

图3-9　不同造型沙发的内部框架结构

值，在视觉美感上也体现出理性的现代精神（图3-10）。

模块化沙发
设计案例

图3-10　抽象理性造型的沙发

有机感性造型法：以优美曲线的生物形态为依据，采用自由而富于感性意念的三维形体的家具造型设计手法。造型的创意构思是从优美的生物形态风格和现代雕塑形式汲取灵感。有机感性造型涵盖非常广泛的领域，它突破了自由曲线或直线所组成形体的狭窄单调的范围，可以超越抽象表现的范围，将具象造型同时作为造型的媒介，运用现代造型手法和创造工艺，在满足功能的前提下，灵活地应用在现代家具造型中，具有独特、生动、趣味的效果（图3-11）。

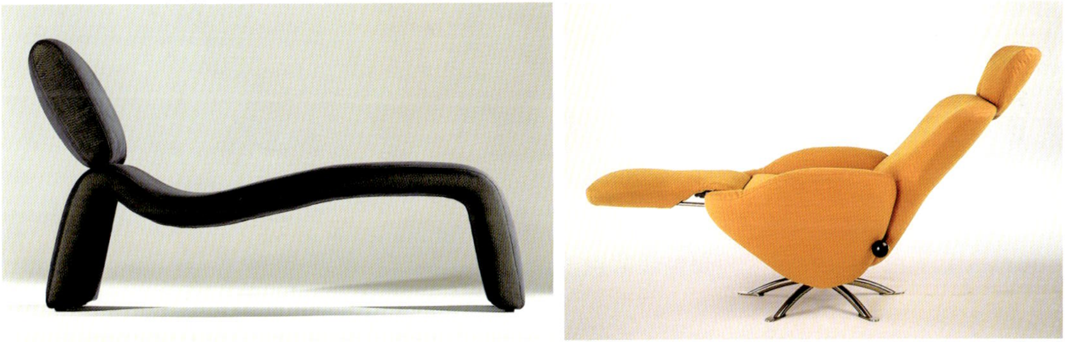

图3-11　有机感性造型的沙发

传统造型法：在继承和学习传统家具的基础上，将现代生活功能和材料结构与传统家具的特征相结合，设计出既富有时代气息又具有传统风格式样的新型家具的手法。设计师必须了解传统家具丰富多彩的造型形式，通过欣赏、研究、借鉴中外历代优秀古典家具，了解家具过去到现在的造型变迁，可以清晰地了解家具造型发展演变的文脉，并从中得到新的启迪（图3-12）。

②沙发造型法则：沙发的造型设计需遵循家具的形式美学法则，从尺寸比例、稳定与轻巧、对称与均衡等方面综合考虑。

尺寸比例：主要突出座面、靠背、扶手、腿等几个重要部分的比例，每一个“局部”都要同整体比例协调，适应人体的身体特点。例如，沙发形体较大，腿要粗壮一些，扶手要宽一些。反之，腿要纤巧一些，扶手也不能太宽。这样，既可保证制作质量，使材料得到合理的利用，又会使总体及局部造型更为美观，看上去更为协调。比例相称的形状能给人以美的享受，设计沙发必须有恰到好处的比例。

图3-12　传统古典造型的沙发

稳定与轻巧：沙发设计时应遵循家具设计稳定与轻巧的法则。

稳定是指物体上下之间的轻重关系在大体的视觉、知觉上达到平衡，有“物理稳定”和“视觉稳定”。重心靠下或具有较大底面积的沙发，给人一种稳定的感觉。一般来说，实际使用中稳定的沙发，在视觉上也是稳定的。在沙发造型中，如果缺乏稳定感，除影响形体的美观以外，使用时也不安全，甚至会破坏使用效能。一般来说，在结构层次上，沙发总体的重心越往下显得越稳定。但是，重心过低会显得庄重有余，精巧不足。如果视觉上不是很稳定的沙发，可以通过重心下移或扩大底面积，或用水平线分割形体的方法加以改进。如要增加布艺沙发的视觉稳定性，可选用有水平线条的覆面材料，也可以适当加深下部的色彩等。

轻巧则是指物体上下之间的大小关系经过配置，在满足“物理稳定”的前提下，用设计创造的方法，使造型给人以轻盈、灵巧的视觉感受。实现沙发造型轻巧的手法有：增加腿脚高度（图3-13）、缩小底部支撑面积（图3-14）、作内敛或架空处理以及适当运用曲线、曲面等；同时还可以在色彩和装饰设计中采用提高色彩明度，利用材质给人心理上的联想，适当缩小沙发扶手与腿脚的厚度/宽度等方法来获得轻巧感。

对称与均衡：对称与均衡是沙发不可缺少的要素，它会使沙发显得端正、大方、协调和美观。沙发造型的对称形式有镜面对称、轴对称等（图3-15、图3-16），用这些格局设计的沙发普遍具有整齐、稳定、宁静、严谨的视觉效果。均衡是一种不完全对称，是同量不同形的组合，利用这种造型手段可以丰富沙发的款式，避免过分呆板。

图3-13　高脚沙发

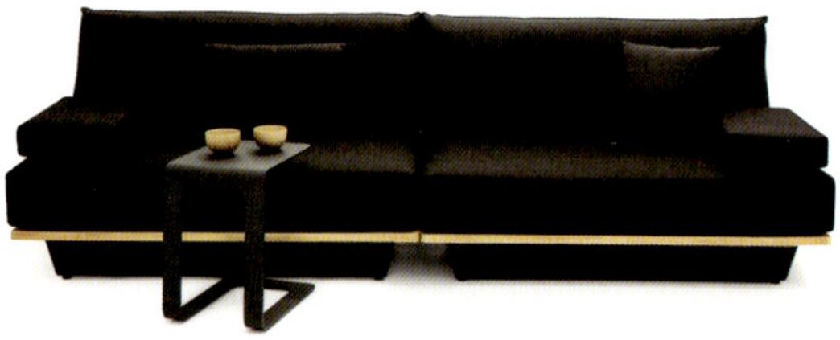

图3-14　内缩底部沙发

图3-15　沙发的镜面对称构图

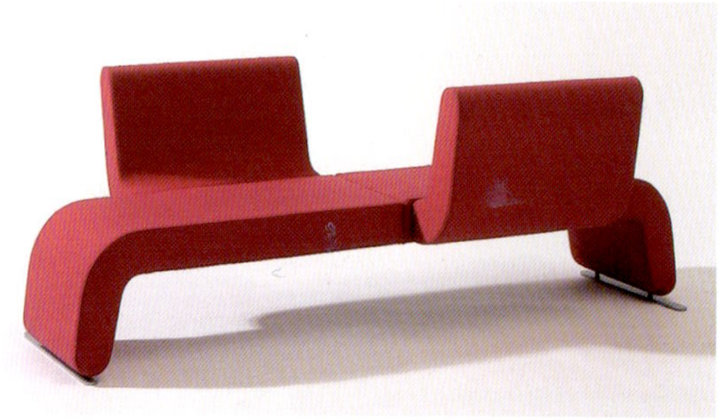

图3-16　沙发的轴对称构图

（5）色彩

家具的色彩设计，重要的是要有主调，也就是应该有色彩的整体感。通常多采取一色为主、其他色为辅，突出主调的方法。常见的家具色调有调和色与对比色两类，若选用调和色为主调，则可获得宁静、安详和柔和的效果；若以对比色为主调，则可获得明快、活跃、富于生气的效果。但无论使用哪一种色调，都要使它具有统一感。既可以在大面积的调和色中加入少量对比色作为点缀，以获得和谐但不平淡的视觉效果；也可以在对比色中穿插一些中性色，使得对比色显得更加和谐。所以在处理家具色彩的问题上，多采取对比色与调和色两者并用的方法，但要有主次，以达到统一中有变化，变化中求统一的整体效果。

①调和色设计：包括单色调设计和相似色调设计两种基本方法。单色调设计是以一个色相作为家具色彩的主调，配以明度和纯度的变化，适当加入不同材质和图案的调剂，创造出充满统一而特殊的色彩韵味。相似色调设计是选用色相环上互相接近的色调作为主色调，并用明度和纯度的变化配合，适当加入无彩色加强其表现力，使得色彩组合在统一中又富有变化（图3-17）。调和色彩是目前深受大众喜欢的色调组合之一，庄重、高雅场合的家具一般需强调调和。

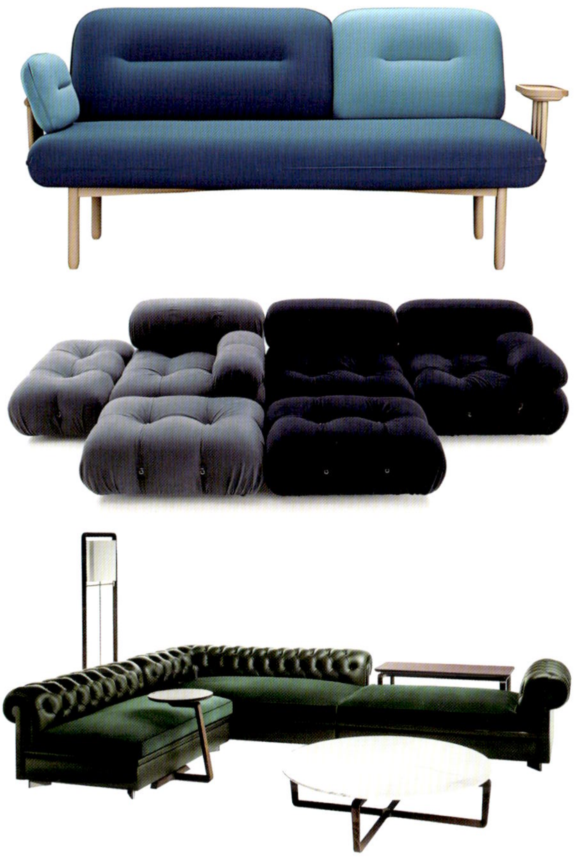

图3-17　沙发的调和色彩设计

②对比色设计：包括互补色调、分离互补色调和双重互补色调三种。互补色调是指采用在色环上处于相对位置的两种色彩作为主色调，如红与绿、黄与紫、蓝与橙等，利用对比获得鲜明色彩感。分离互补色调是指在色相环中采用对比色中的相邻的两色，组成三个颜色的对比色调，从对比的角度，它的对比性比互补色调略小，但统一性和变化性较大，这种基于对比和谐的色彩搭配，具有强烈而丰富的视觉效果，主要应用于轻快活泼场合空间的家具。双重互补色调是指在色环中选择两组相对位置的颜色，同时运用两组对比色的色调。较前几种色调而言，双重互补色调更具有鲜明强烈、华丽多彩的特征，使用时应注意两种对比色的主次，使用一定的技巧，可以使整个家具色彩耀眼但不混乱，主要适用于大型动态活动的空间家具选用（图3-18）。

③无彩色系的应用：黑、白、灰组成的色调，是一种高贵且十分吸引人的色调。无彩色没有彩度，且不属于色相环，但在色彩组合搭配时，常成为基本色调之一，与任何色彩都可以配合，在家具中颇为适用。

需要特别强调的是，色彩在家具上的应用除了考虑上述因素外，还需结合环境、光照、制造工艺、材料质感等情况（图3-19）。

④流行色的应用：家具色彩具有较强的时尚性，不同时代、不同民族、不同地域的人对色彩带有倾向性的喜爱，家具色彩设计必须考虑流行色的因素。在进行家具色彩设计时，应关注其他设计领域的设计动向，可从其他艺术作品中寻找色彩设计灵感，把握流行趋势，也可了解不同民族文化传统，提取特色的色彩要素，满足人们追求“新”的心理需求，力求符合人们普遍的色彩审美观念（图3-20）。

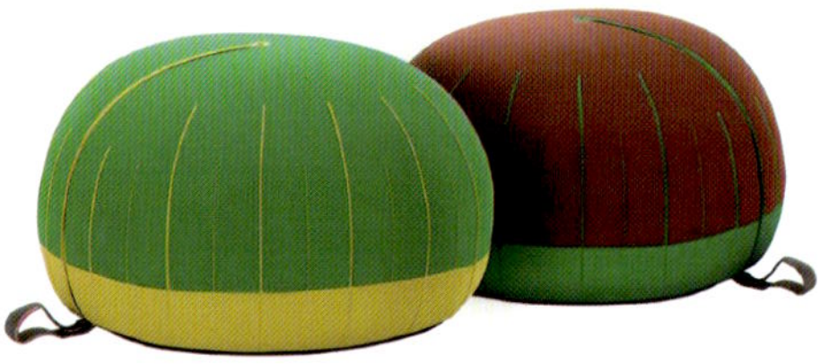

图3-18　沙发的对比色彩设计

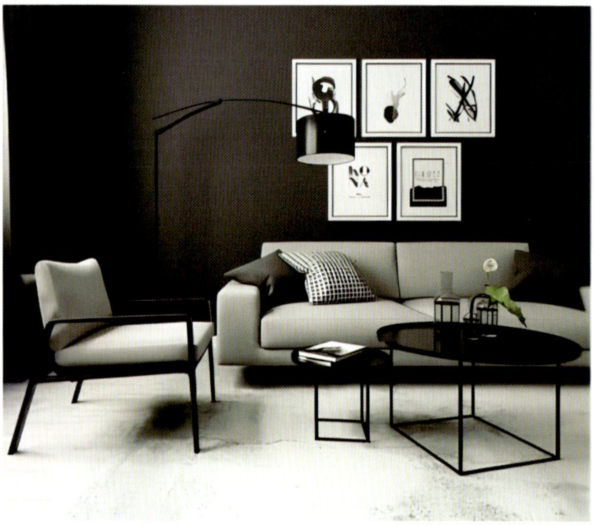

图3-19　无彩色系在沙发配色的应用

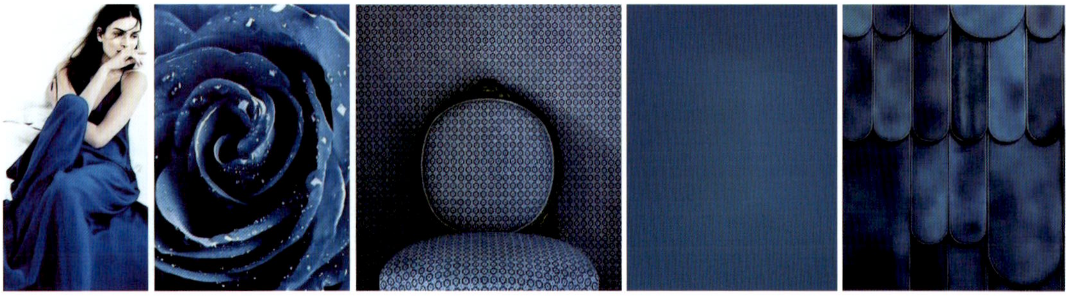

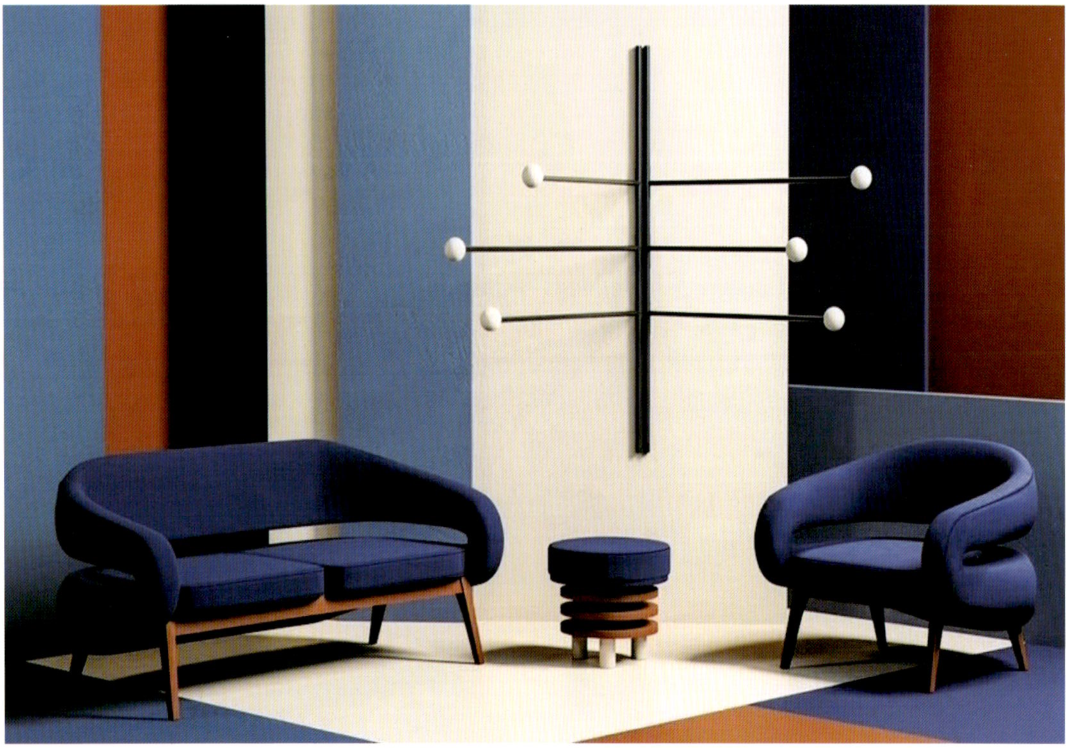

图3-20　流行色在沙发配色中的应用

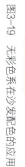

3.1.3 沙发功能尺寸与人体工程学

沙发的功能尺寸设计应遵循人体工程学原则，人体各部位的基本尺寸及其功能是确定沙发功能尺寸的依据，也是沙发造型设计和结构设计的基础。

人体为坐姿时，主要受力点有3处，即腿部、臀部和背部。因此，在沙发设计中，为了增加人体的舒适度，应根据人体各部位的基本尺寸考虑沙发的主要功能尺寸：靠背背高、靠背与水平面之间的夹角、座高、座宽、座深、扶手高度、座面和靠背的软硬度和线形、座面与水平面的夹角等。在确定这些尺寸时，还应考虑到人在工作和休息时的不同要求。

（1）座高

沙发等软体类座椅的座高取决于人体从足到膝的长度。根据我国人体的平均高度，小腿长度为410 mm左右。一般小型的简易沙发，因座面前缘的下沉度小，前缘高度应定为380 mm左右。有座身垫子的大型沙发比较柔软，前缘下沉度大的座高尺寸宜为400～440 mm。

（2）座宽

座宽是根据人体臀部的尺寸来确定的。人体臀部的平均宽度在309～319 mm。因此，座宽应略大于上述尺寸。为了考虑整个造型的比例，沙发（尤其是大型沙发）的座宽与人体臀部的宽度相差较大，一般大型沙发的前座宽在520～550 mm，以使造型显得美观大方。

（3）座深

座面的前后进深尺寸称为座深。座深应根据人体大腿的平均长度（445 mm左右）来确定。如果沙发座深过大，超过了人的大腿骨的平均长度，人坐在上面，脚部仍然接触不到靠背，容易感到疲劳；过浅会增加臀部压力。普通沙发的座深为480～520 mm，大型沙发的座深为520～580 mm。

（4）夹角

夹角指靠背与水平面之间的夹角及座面与水平面之间的夹角。一般来说，沙发等软体类座位的靠背与座面之间的夹角越大，休息的效果越好。

随着靠背的倾斜，人体的重心逐渐向靠背转移，人体单位面积上的负荷也随之减小，使人体各部分的关节和肌肉处于松弛状态。如果靠背与水平面之间的夹角大于110° 时，就必须增加头颈部的支点，以避免颈部产生疲劳。

（5）靠背高

沙发靠背的高度是根据人体上半身（即从股骨到颈椎）的平均尺寸来确定的。人体股骨至颈椎的长度在586 mm左右。此外，背高还应与沙发的其他尺寸相称，一般背高取850～950 mm（离地面垂直高度）。大型沙发的靠背则宜高些，具体根据沙发整体造型和比例尺寸来确定。

（6）扶手高度

扶手高度是指扶手上表面至座面的垂直距离。

适当的扶手高度，能使人的两肩自然下垂，肘部舒服地搁在扶手上。扶手过高或过低，都容易产生疲劳。扶手过高，肩部不能自然下垂，容易疲劳；扶手过低，需用力下垂肘部才能接触扶手表面，同样容易疲劳。扶手的高度与座面的下沉度有关系。沙发扶手的高度应为人的坐骨关节到肘部（自然下垂状态）下端的距离减去座面的下沉高度。

按照国标规定，沙发扶手的高度应在150~300 mm。扶手高度的设计除跟人体尺度和沙发造型形态设计有关外，还应考虑沙发座面的下沉量。以人体舒适的扶手高度250mm为例，如果沙发座面下沉量为80 mm，那么座前高至扶手上表面的距离即为170 mm。一般来说，沙发座面下沉大，扶手则低，沙发座面下沉小，扶手则相对高一些。

（7）座面和靠背的柔软度

柔软度是指座面和靠背的软硬程度。沙发做得软一些可以增加舒适感，但是并非越软越好，而是应该软硬适度。过硬，缺乏柔软感；过软，座面下沉度太大，座面和靠背的夹角便会减小而降低了座高，人坐下后重心偏低，使腹部和下肢等肌肉受到压迫，落座和起立甚至都会觉得困难。据研究，大沙发的座面下沉量为80～120 mm适宜，小沙发的座面下沉量为70 mm左右适宜。

沙发的靠背相应要比座面软些，这是因为靠背的受力比座面的受力小。人体脊椎的自然形状为“S”形，为了使脊椎与靠背吻合，故靠背要做得柔软些。但也不能过软，过软人体靠上去后弯曲前倾，使胸肌受到压迫，从而感到不适。

理想状态下靠背的柔软度在不同部位有不同的要求。由于人的胸椎是向后弯曲的，因此靠背的相应部位应做得软一些，而腰椎是向前弯曲的，所以这一部分又应该处理得硬一些，以便将人的腰部托起来，尽量使人的脊椎处于“S”形的自然状态。

（8）座面和靠背的线型

沙发座面和靠背的线型设计，应舒适和美观。沙发的靠背，主要是支撑人体的背部，而背部的脊椎骨不仅是人体的主要支柱，也关系到人体背部的形状和曲线。当人体处于自然状态时，颈椎向前弯曲，胸椎向后弯曲，而腰椎又向前弯曲，形成“S”形。只有当沙发靠背曲线符合脊椎形状时，人的韧带和肌肉才能够放松，从而得到休息，解除疲劳。有些沙发之所以久坐会疲劳，主要是因为靠背是平直的，没有形成曲线，这就不符合脊椎骨自然状态的“S”形曲线。另外，由于座深过大，使得人体只有后背上部能够接触到沙发的靠背，腰部却是空虚的，腰椎被迫向前弯曲，造成腰部韧带和肌肉长时间用力而感到疲劳。为了使沙发和座椅能够具有更好的休息作用，就要将腰部的靠背部分凸出来，或另外配置一个靠垫，以形成“填腰”，增加人体和靠背的接触面积，使人体的脊椎骨能够处于“S”形的自然状态，韧带和肌肉也可以放松，这样便减轻了腰部的疲劳。

3.2 工作任务实施

任务1　沙发意向设计调研与讨论

学生课前任务完成情况统计表

负责人：调查员、记录员

实施步骤	任务名称与要求	任务记录
步骤1 现代沙发风格调研	现代市场软体家具的品牌和流行式样调研	调研报告
步骤2 沙发设计意向分析	通过头脑风暴、思维导图等形式，拓展思维，提取设计创意关键词，确定设计方向	思维导图
步骤3 现代沙发造型收集	以组为单位，讨论并选定设计主题，根据设计主题，进行市场主流沙发造型样式调研和各类设计大赛获奖作品收集，每人提供不少于2张与主题方向一致的意向图片	意向设计图

注意事项

前期的调研与讨论，需要每一位组员的积极参与，充分运用现代信息技术手段，一定要发挥集体的智慧和力量哦！

任务2 沙发方案构思与草图设计

一、任务思考

负责人：项目负责人

	任务思考	答案
引导问题1	什么是设计定位，包括哪些内容	
引导问题2	拟设计的沙发主题是什么	

二、沙发创意构思与草图表达

负责人：绘图员

实施步骤	任务思考	任务记录
步骤1 概念草图设计	根据设计定位与创意构思，确定沙发大致形态	概念草图
步骤2 概念草图优化	①当前的概念草图方案具备哪些功能 ②当前的概念草图方案分别解决了什么问题 ③当前的概念草图方案创新设计体现在哪些地方	概念草图修改与完善
步骤3 细节设计与表达	在家具的大致形态确定后，进行大量的细节设计，包括比例尺寸、材质、连接结构、色彩搭配等	细节草图、结构草图

注意事项

沙发创意构思阶段，需要大家与时俱进，融入新材料、新功能等，同时要注意造型的创新，要符合大众的审美。

任务3 沙发结构设计

一、任务思考

负责人：项目负责人

	任务思考	答案
引导问题1	单人沙发常见的功能尺寸范围是多少	座高： 座深： 座宽： 扶手高度： 靠背高度： （单位：mm）
引导问题2	家具结构设计的内容有哪些	
引导问题3	家具结构设计的图纸有哪些	

二、沙发尺寸与结构设计

负责人：绘图员

实施步骤	任务思考与要求	任务记录
步骤1 家具尺寸分析	结合家具造型和人机工学分析，确定家具的三维尺寸和主要功能尺寸	三视图
步骤2 内部结构分析	根据沙发外观形态及沙发内部框架结构构成规律，分析沙发内部框架结构形式，并用结构爆炸图、内部框架结构轴测图或手绘示意图等形式表达出来 沙发框架结构的标准化设计　沙发内部框架结构动态展示	内部框架结构（示意）图

任务4　沙发设计方案深入与效果图绘制

负责人：绘图员

实施步骤	任务思考与要求	任务记录
步骤1 沙发3D模型制作	检查设计草图和三视图尺寸，进行大量的细节推敲与情感化设计，完成3D模型制作	沙发3D模型
步骤2 沙发色彩搭配	选择自己熟悉的软件（Vary/Keyshot）等，探索沙发不同的材质、色彩搭配效果	效果图初稿
步骤3 沙发效果图渲染与出图	根据出图要求，完成效果图的渲染与出图	单体效果图、场景效果图等

注意事项

在进行沙发效果图制作时，除注重形态的表现外，还需注意部件与部件的比例和设计细节体现，做到严谨细致、精益求精。

任务5　展示文件制作

真皮沙发结构分析

负责人：记录员

实施步骤	任务思考与要求	任务记录
步骤1 图片整理	整理并导出三视图、整体效果图、局部效果图和结构（示意）图文件	图片文件
步骤2 展示文件制作	将沙发设计方案排版于一张A3竖向版面，排版内容包括但不限于沙发设计说明、三视图、整体效果图、局部效果图、结构图等	A3竖向排版图

3.3 拓展案例

案例1 新古典沙发设计

青花瓷的文化价值

设计主题：融合·创新

风格定位：新古典风格

设计者：四川城市职业学院家居设计专业　肖凤

指导老师：杨凌云

设计说明：

本案例的设计主题“融”，主要体现在中式旗袍文化与青花瓷文化和家具文化的融合，以及中式古典韵味与欧式古典家具造型的融合。

沙发白底蓝花的色彩搭配来源于元代青花特有的色彩风格，白底蓝花有明净素雅之感，具有浓郁的东方味、中国味，极大地体现了中国艺术精神。沙发靠背的造型源于中式旗袍的衣领造型，中式旗袍元素和元代青花瓷元素的融入，使得本套沙发的整体造型既有欧式古典家具的韵味，又不失中式的典雅与高贵。

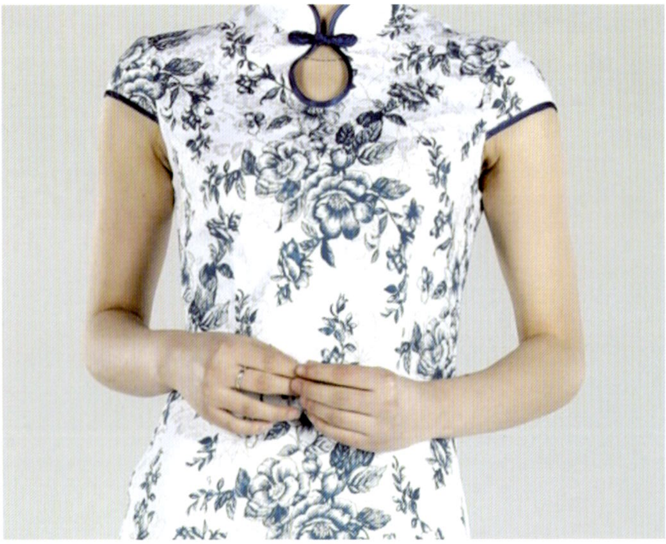

灵感来源

设计草图

单体效果图

整体效果图

案例2　现代沙发设计

作品名称： 翩翩

风格定位： 现代风格

设计师： 明珠家具股份有限公司　王静

设计说明：

沙发造型的灵感源自自然精灵“蝴蝶”，提炼了蝴蝶展翅的线条，蝴蝶翩飞姿态跃

入眼帘，寓意着破茧重生，别样蜕变，焕发崭新活力。有机的造型和丰富的色彩搭配充满层次，肌理感棉麻配合环保生态皮，给空间带来独特的新鲜感。不同的组合形式，希望打破传统的社交模式，让人与人、人与空间有更多的可能性。通过融入自然元素和创新的设计理念，为人们带来与众不同的家居体验。将蝴蝶的灵动和变幻融入家具，我们希望唤起人们内心深处对自然的向往，并以此激发人们追求生命蜕变和焕发新活力的愿景。这样的设计不仅赋予空间独特的魅力，也为用户带来一种与自然和谐共生的感觉，进一步提升了家具的社会价值和生活意义。

产品整体长宽高为980 mm × 820 mm × 800 mm，选用柔软生态皮和棉麻面料搭配，共设计有三种配色方案，分别是灿烂柑橘、斑斓绯红、普鲁士蓝。

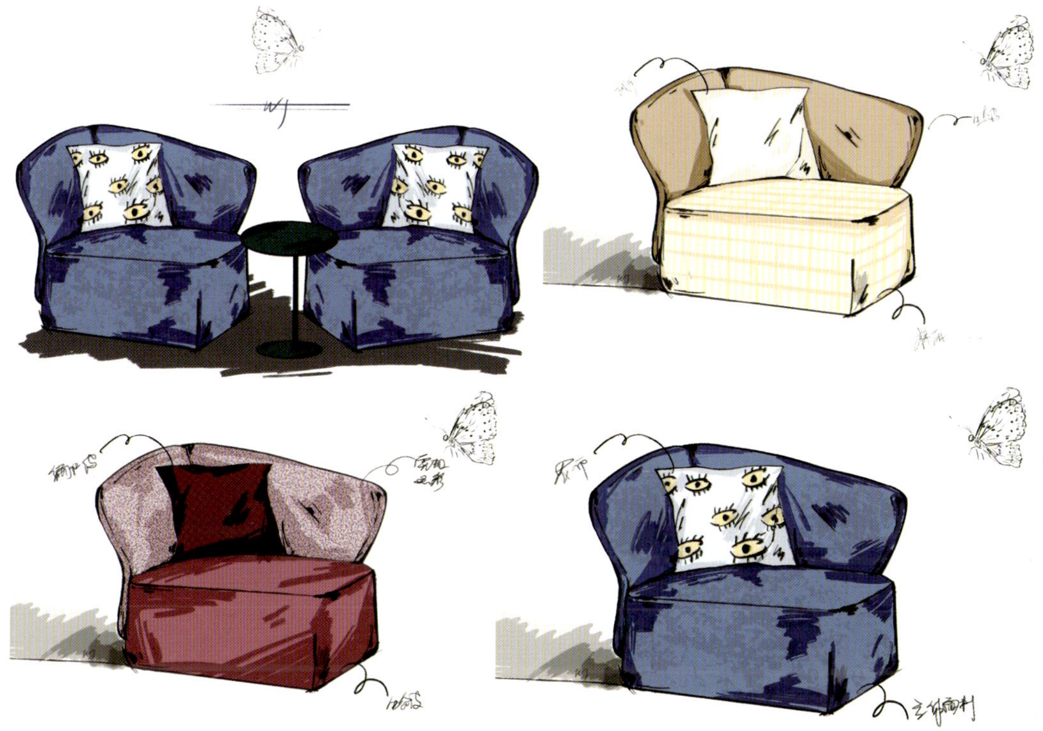

设计草图

内部结构图

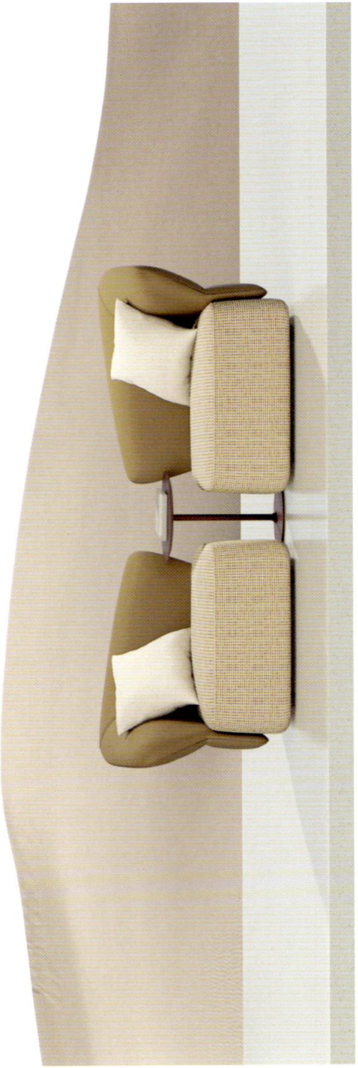

沙发效果图

细节

翩翩—灿烂柑橘

细节

翩翩—斑斓绯红

翩翩-普鲁士蓝

沙发实物图

空间应用

评价与总结

一级指标	二级指标	评价内容	自评（10%）	互评（10%）	教师（40%）	企业专家（20%）	客户（20%）	小计
专业能力（70分）	设计构思能力	根据任务书要求构思沙发创意设计方案的能力。思维导图的表达、设计主题的选择与运用是否合理（10分）						
	设计表现能力	沙发设计草案的表达能力。草图绘制美观且内容完整，10分；沙发整体造型绘制较美观、细节表达较少，8分；沙发手绘表达效果欠佳，但基本能传递设计理念，6分；草案表达整体欠佳，根据实际情况酌情给分（10分）						
		沙发设计效果图表达能力。沙发效果图设计美观、表现形式多样，有2张以上不同形式（单体、场景等）效果图，10分；效果图设计较美观，有1～2张不同效果图表达，8分；有设计效果图，但细节表达欠佳，6分；有设计效果图，但制作水平欠佳、整体表达效果有待提升，根据实际情况酌情给分（10分）						
		沙发结构的分析与设计表达能力。其中沙发三视图的尺寸合理性与表达规范性共5分，沙发结构图的合理性与美观性共5分（10分）						
	表达能力	能够正确地组织和传达工作任务的内容（10分）						
	设计与创新能力	能够设计出符合大众审美的沙发造型与功能，除基本的坐卧功能外，多1种功能6分，多2种功能8分，多3种及以上功能10分（10分）						
		沙发设计具有一定的创新性，1个合理的创新点6分，2个合理的创新点8分，3个及以上的合理创新点10分（10分）						
综合素养（30分）	职业岗位能力	敬业精神与完成任务的态度。出现迟交作业一次扣1分，出现迟到/早退一次扣1分，无故旷课一次扣3分（10分）						
		协作及沟通表达能力（10分）						
		资料收集、整理以及归纳提炼资料信息的能力（10分）						
		设计方案解决现实问题，是否做到“以人为本”，从实际出发解决问题（10分）						
综合得分								
个人小结								

技能训练

训练1（难度系数：★★）

（1）训练项目名称：软床设计。

（2）训练目标：熟悉现代软床设计要素，能够运用家具造型的形式美学法则，将不同的构成要素进行组合，设计出符合现代审美、结构合理的现代软床，提升设计表达和创新设计能力。

（3）训练内容：撰写详细的设计说明，绘制软床的三视图、效果图和结构分析图。

（4）考核标准：是否足额完成，造型是否美观，结构是否合理，色彩搭配是否恰当，是否达到设计表达效果。

训练2（难度系数：★★★★）

（1）训练项目名称：软床及其配套家具设计。

（2）训练目标：熟悉现代软床设计要素，能够运用家具造型的形式美学法则，将不同的构成要素进行组合，设计出符合现代审美、结构合理的现代软床及其配套家具，提升设计表达和创新设计能力。

（3）训练内容：撰写详细的设计说明，绘制软床及其配套家具的三视图、单体效果图、整体效果图和结构分析图。

（4）考核标准：是否足额完成，软床及其配套家具造型是否美观，结构是否合理，色彩搭配是否恰当，是否达到设计表达效果。

训练作业清单

（1）沙发设计意向图

（2）设计思维导图

（3）手绘草图（概念草图、细节草图、结构草图等）

（4）三视图

（5）内部结构（示意）图

（6）效果图（整体、局部）

（7）排版文件

学习模块三

板式定制家具设计

板式家具，指以人造板为基材，以板件为主体，采用专用的五金连接件或圆棒榫连接装配而成的家具。板式定制家具则是指根据客户的具体需求和喜好，通过专业设计和制作流程，量身打造具有个性化特点的板式家具。

知识目标

（1）掌握板式定制家具的基础知识。

（2）掌握板式定制家具结构设计方法。

（3）掌握板式定制家具生产工艺。

（4）掌握板式定制家具生产规范。

（5）掌握板式定制家具品质检验方法。

能力目标

（1）具备空间测量能力。

（2）具备板式定制家具造型、结构设计能力。

（3）具备板式定制家具材料性能选用能力。

素质目标

（1）具有良好的家具行业职业道德和社会责任感。

（2）具有明确的环境保护和安全生产意识。

（3）培养善观察、勤思考、敢实践的科学态度和创新求实的工匠精神。

（4）培养善于交流、乐于协作的团队精神。

（5）培养分析解决问题的能力和理论联系实际的工作作风。

BANSHI DINGZHI JIAJU SHEJI

项目4　定制衣柜设计

◆工作任务导入

了解任务设计的背景，明确本次任务的设计对象、环境信息、设计风格、设计需求等基本信息。

任务背景与任务单		
客户信息	居住环境：客户所居住的卧室面积约为18.55 m^2，有较大的飘窗 居住人数：2人，包括男女主人 职业背景：男主人为律师，工作繁忙而充实，经常在书房里加班到深夜，处理各种法律文件。女主人为家庭主妇 兴趣爱好：男主人热爱阅读和运动，周末时，喜欢去健身房锻炼身体，保持健康的体魄。女主人喜欢园艺和手工艺，种植了各种花草，经常动手制作一些小工艺品	
客户居住环境	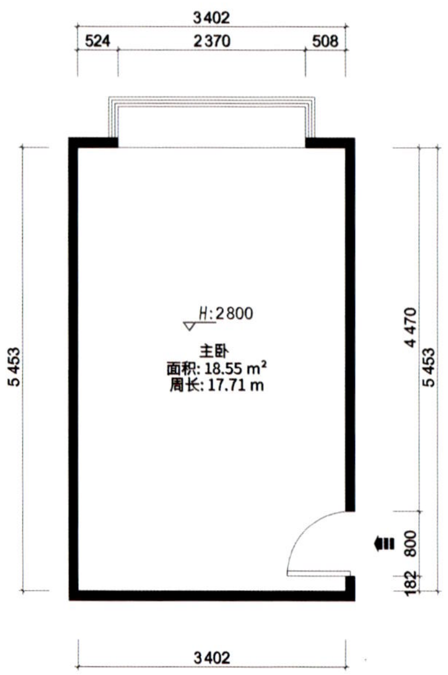 主卧户型图 （仅作参考，以课堂实际测量空间数据为准）	 主卧空间图
客户要求	①衣柜应提供足够的储物空间，以满足大量的衣物存储 ②色彩简洁舒适 ③客户长衣较多，希望能有较多的挂长衣的区域 ④衣柜要选用环保材质，保证健康和安全	
工作任务	任务内容：根据客户信息和要求，设计卧室衣柜 交付形式：平面布局图、板式定制家具设计图及室内定制家具效果图等关键图纸 课后作业：定制衣柜设计	
项目设计师	设计师签名：______ 时　　间：______ 备　　注：______	

◆小组协作与分工

请同学们按照自己的岗位意向和个人特长，选择合适的工作任务角色，完成下表。

小组名称	工作任务角色	组员姓名	个人特长
	项目负责人		
	测量员		
	绘图员（室内平面布局图）		
	绘图员（板式定制家具设计图）		
	绘图员（效果图）		

◆知识导入

问题1：板式定制衣柜有哪些造型?

问题2：板式定制衣柜如何布局?

4.1 知识准备

4.1.1 板式定制家具的材料

板式定制家具的材料主要包括各种人造板材，这些人造板材以木质纤维或其他植物纤维为原料，经过一系列工艺加工而成，主要包括纤维板、刨花板、胶合板、细木工板等。

纤维板　刨花板　胶合板　细木工板

4.1.2 板式定制家具的基本装配结构

板式定制家具的基本装配结构，是指其部件的接合结构。这种家具以人造板为基材，以板件为主体，采用专用的五金连接件或圆棒榫连接装配而成。其产品造型特征为（标准化）部件+（五金件）接口，“32 mm系统”成为板式家具的重要依据。

偏心件连接　门铰链安装　抽屉滑道安装　“32 mm系统”板式家具结构

4.1.3 板式定制衣柜概念

板式衣柜是指由中密度纤维板或刨花板等材料，再加上贴面等工艺加工而成的一类衣柜，其中包括一些模仿实木纹理的造型。现在市场上的板式衣柜贴面逼真，无论是外表的色彩、光泽度，还是实际接触的手感，都有了很大的提高，并且材料成本低、价格相对便宜、安装简便。板式定制衣柜是一种根据客户需求和空间尺寸量身打造的衣柜，注重功能性和个性化设计，可以根据客户的存储需求、使用习惯和审美偏好来调整衣柜的尺寸、结构、颜色、风格等。

4.1.4 板式定制衣柜造型

板式定制衣柜的造型是定制衣柜的重要组成部分，它可以根据客户的需求和喜好进行个性化设计，以满足不同个人和家庭的需求。以下是一些常见的板式定制衣柜造型（图4-1）。

一字形衣柜：造型简单，通常靠墙放置，适用于空间较小或长条形的卧室。一字型衣柜可以充分利用墙面空间，提供充足的储物空间。

L形衣柜：L形衣柜适合墙角位置，可以利用两面墙的空间，增加储物空间的同时，也起到隔断的作用，增强空间的层次感。

U形衣柜：U形衣柜通常位于卧室的中心位置，三面环绕，形成一个独立的储物空间。这种造型的衣柜储物空间大，适合衣物较多且面积大的家庭。

除了以上几种常见的造型，板式定制衣柜还可以根据客户的需求和空间特点进行个性化设计，如弧形衣柜、多边形衣柜、多功能衣柜等。总之，板式定制衣柜的造型应该根据客户的需求和空间特点进行个性化定制，以提供方便、实用、美观的储物空间。

一字形衣柜

L形衣柜

U形衣柜

图4-1 常见的板式定制衣柜造型

4.1.5 板式定制衣柜内部布局

板式定制衣柜内部布局按照收纳功能分区，一般分为7个功能区：储物区、短衣区、裤架区、中长衣区、抽屉存放区、叠放区以及长衣区（图4-2）。

储物区：使用频率较低，一般放置被褥、四件套或者换季的衣服，一般人伸手很难够到。

短衣区：用于悬挂短款衣物，如T恤、短裤等，常用的短衣区宜放置在衣柜方便拿取的位置。

裤架区：专门用于悬挂裤子，可以利用多层裤架或专用裤架来增加储物空间，常用的裤架区宜放置在衣柜下方的位置。

中长衣区：用于悬挂中长款衣物，如外套、毛衣等。

抽屉存放区：用于存放内衣、袜子、饰品等小件物品，可以设计在衣柜的底部或中部。

叠放区：用于放置叠放的衣物，如衬衫、领带等，可以设计在衣柜的中间或底部。叠放区不仅不便于人们寻找衣物，而且空间利用率也相对较低，因此，如今许多人在定制衣柜时选择缩减叠放区的空间，甚至完全摒弃叠放区的设计。

长衣区：用于悬挂长款衣物，如长裙、长外套等。

总之，衣柜的不同区域应根据个人的生活习惯和需求合理划分，以最大化利用空间，方便整理和取用。

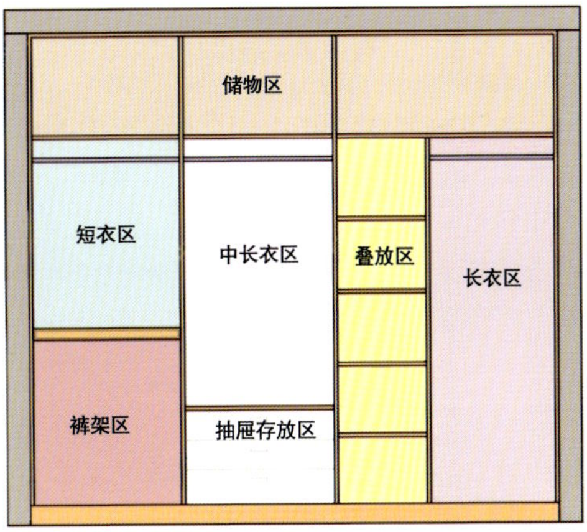

图4-2　衣柜功能分区

板式定制衣柜
基本尺寸与要求

4.1.6　板式定制衣柜的基本尺寸与要求

设计板式定制衣柜时，不仅要注重贮存空间的合理划分，确保人们存取物品时的便捷性，减轻人体疲劳，同时也要考虑贮存方式的合理性，确保充足的贮存数量，满足各类物品的存放需求。通过精心的整体布局以及收纳分区的细致尺寸规划，完美实现衣柜功能设计中人与物的和谐共存，提升居住者的使用体验。

（1）整体布局尺寸

针对贮存物品的繁多种类、不同尺寸以及室内空间的限制，衣柜不可能制作得如此琐细。因此，我们只能根据实际需求，分门别类地合理确定衣柜的设计尺寸范围。根据我国国家标准的规定，柜类家具的主要尺寸包括外部的宽度、高度、深度，以及为满足使用要求所涉及的一些内部分隔尺寸等。柜类的主要尺寸代号和说明（表4-1），衣柜基本尺寸标注（图4-3）。定制衣柜宽度可以根据不同需求进行个性化设计，定制衣柜深度以530～620 mm为宜。

定制衣柜高度需要根据层高定制，柜体做到顶，不留卫生死角。

表4-1　柜类的主要尺寸代号和说明

序号	代号	说明
1	B_1	柜内宽
2	T_1	柜内深
3	H_1	挂衣棍上沿至顶板内表面距离
4	H_2	挂衣棍上沿至底板内表面距离

（摘自GB/T 3327—2016）

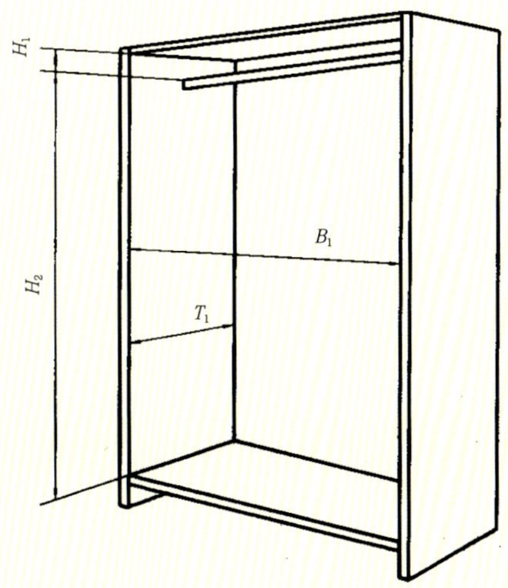

（摘自GB/T 3327—2016）

图4-3　衣柜基本尺寸标注

（2）收纳分区尺寸

衣柜的基本尺寸如表4-2所示。

表4-2　衣柜的基本尺寸

单位：mm

柜内深		挂衣棍上沿至顶板内表面距离 H_1	挂衣棍上沿至底板内表面距离H_2	
悬挂衣物柜内深 T_1或宽B_1	折叠衣服柜内深 T_1		适于挂长衣服	适于挂短衣服
≥530	≥450	≥40	≥1 400	≥900
注：当有特殊要求或合同要求时，各类尺寸由供需双方在合同中明示，不受此限。				

（摘自GB/T 3327—2016）

除国家衣柜规定标准尺寸外，还提供了一些常用家具尺寸：

平开门衣柜深度宜为527～570 mm

平开门衣柜内空宜为505～550 mm

移门衣柜柜深宜为600～645 mm

移门衣柜内空宜为505～550 mm

短衣区预留高度宜为900～1 000 mm

长衣区预留高度为1 400～1 500 mm

叠放区预留高度宜为400 mm

裤架区预留高度为800～900 mm

储物区高度宜为400～500 mm

4.2　工作任务实施

任务1　测量

一、任务思考

	任务思考	答案
问题1	可以采用哪些工具进行空间数据测量 测量工具展示	
问题2	根据客户需求，我们需要如何确定衣柜尺寸 测量卧室空间展示	

二、任务实施

在实际工作流程中，设计师会先进行空间测量，确保对空间的初步了解。在客户确认设计方案后，设计师会进行复尺，对地面、墙面及吊顶完成后的空间进行仔细测量，以确保空间的精确性。

步骤一：测量工具准备

负责人：项目负责人

工具					
数量					

步骤二：现场测量记录尺寸(以实际课堂测量空间为准）

负责人：测量员

尺寸数据记录：

步骤三：标注障碍物的尺寸和位置

负责人：测量员

障碍物记录：

注意事项

测量时要细致入微，不仅要了解房屋结构，确保测量尺寸的准确性，还要考虑到房间的整体布局和衣柜的实用功能，以确保衣柜的设计与安装能够达到最佳效果。

任务2　设计

一、任务思考

	任务思考	答案
问题1	常见的板式定制家具设计绘图软件有哪些 常见的定制家具设计绘图软件	
问题2	板式定制衣柜设计绘图步骤应怎样进行 CAD绘图标准　板式定制衣柜设计绘图演示	

二、任务实施

步骤一：绘制平面布局图

负责人：绘图员（室内平面布局图）

实施平面布局图绘制： （利用绘图软件进行绘制）

步骤二：地柜参数

负责人：绘图员（板式定制家具设计图）

实施地柜设计绘图： （利用绘图软件进行绘制）	
单元柜数量	
单元柜宽度	
单元柜深度	
单元柜高度	

步骤三：吊柜参数

负责人：绘图员（板式定制家具设计图）

实施吊柜设计绘图： （利用绘图软件进行绘制）	
单元柜数量	
单元柜宽度	
单元柜深度	
单元柜高度	

步骤四：内部布局

负责人：绘图员（板式定制家具设计图）

实施内部组件清理：

组件（板件、抽屉、掩门、架类、五金、配件）							
数量							

步骤五：效果图绘制

负责人：绘图员（效果图）

实施设计绘图：

位置								
材质								

注意事项

在设计时，应充分发挥创意，设计出既美观又实用的衣柜。同时，我们还应秉持环保意识，优先选用环保材料，避免因过度设计而浪费资源。

任务3　制作

一、任务思考

	任务思考	答案
问题1	板式定制衣柜的制作流程是什么　车间生产展示	
问题2	制作板式定制衣柜有哪些注意事项	

二、任务实施

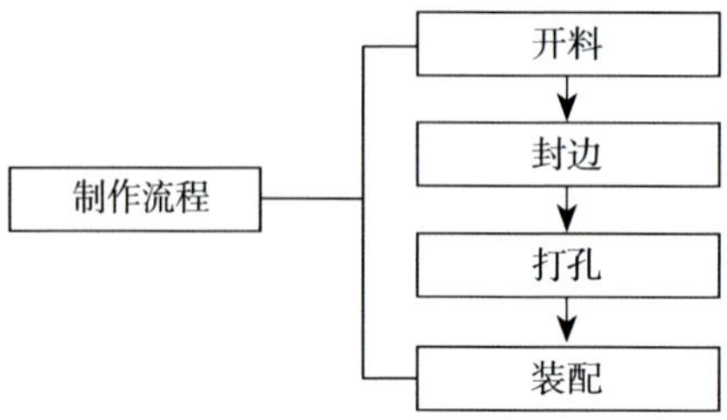

板式定制衣柜安装实施要点

注意事项

每一件板式衣柜的制作都需要精益求精的工匠精神，同时也需要团队成员之间的密切协作。这不仅能够提高制作效率，还能增强团队凝聚力。

任务4　安装

一、任务思考

	任务思考	答案
问题1	安装衣柜需要哪些工具　安装板式定制家具常用工具展示	
问题2	安装板式定制衣柜流程　安装板式定制衣柜展示	

续表

	任务思考	答案
问题3	板式定制鞋柜安装注意事项	

二、任务实施

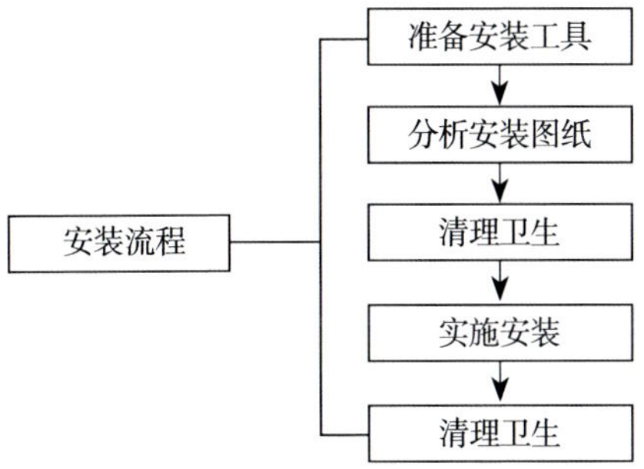

板式定制衣柜安装实施要点

注意事项

安装衣柜不仅是一项技术活，更是一种服务。我们需要对客户的房间布局和需求负责，确保衣柜能够顺利安装并满足客户的需求。同时，还要培养服务意识，提供优质的售后服务。

任务5　企业专家、客户在线指导意见

负责人：项目负责人

企业专家 在线指导意见	
客户 在线指导意见	

4.3 拓展案例

案例1 定制一字形衣柜设计

空间信息

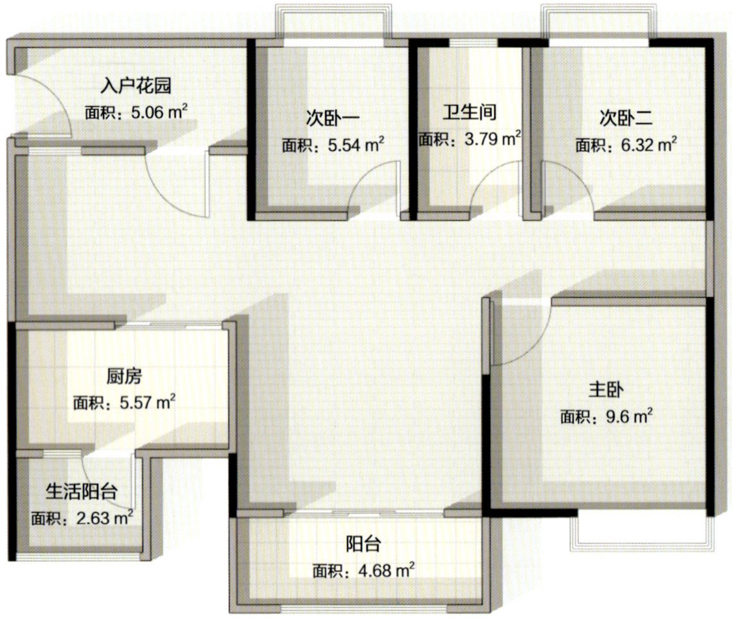

客户需求	测量次卧一衣柜空间
1.老人居住使用，喜欢对衣物进行分类收纳 2.衣柜的颜色要选用柔和、温暖的色调，想要营造温馨舒适的氛围	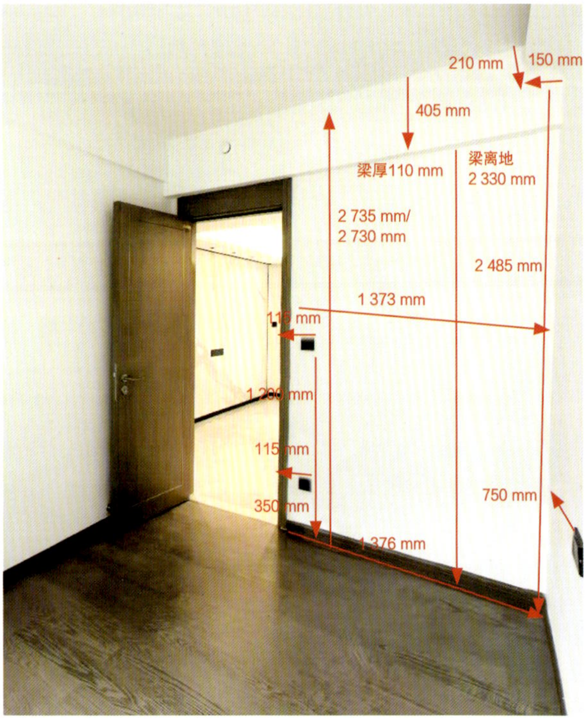

设计理念

①衣柜内部设计有多个叠放区，以满足老人对大量衣物的收纳需求
②衣柜的颜色选用米白色，营造温馨舒适的氛围，有助于老年人放松心情
③考虑到老人使用，衣柜的边角设计为圆润无锐角，避免老年人在使用时意外碰撞受伤

次卧一板式定制衣柜设计图

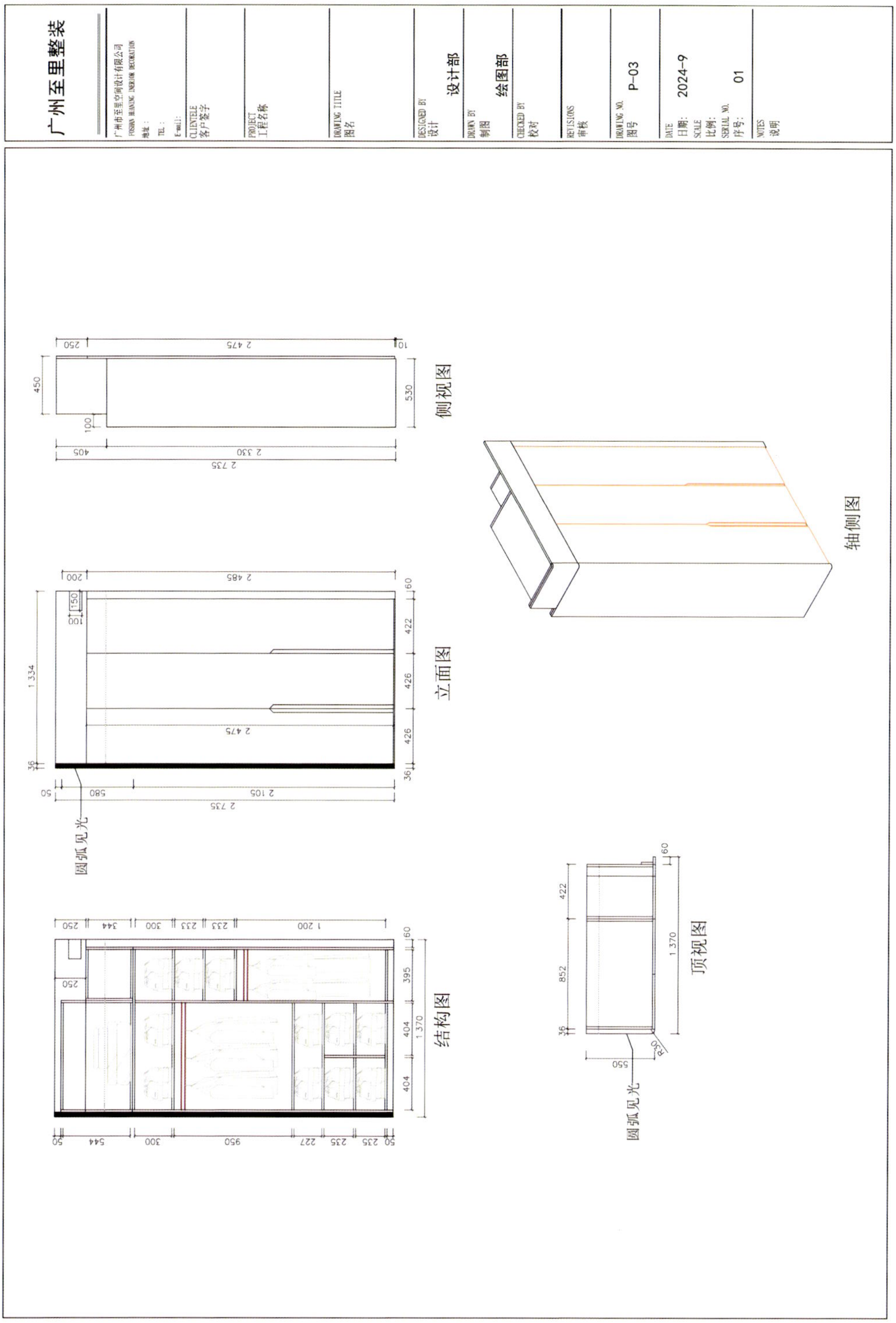

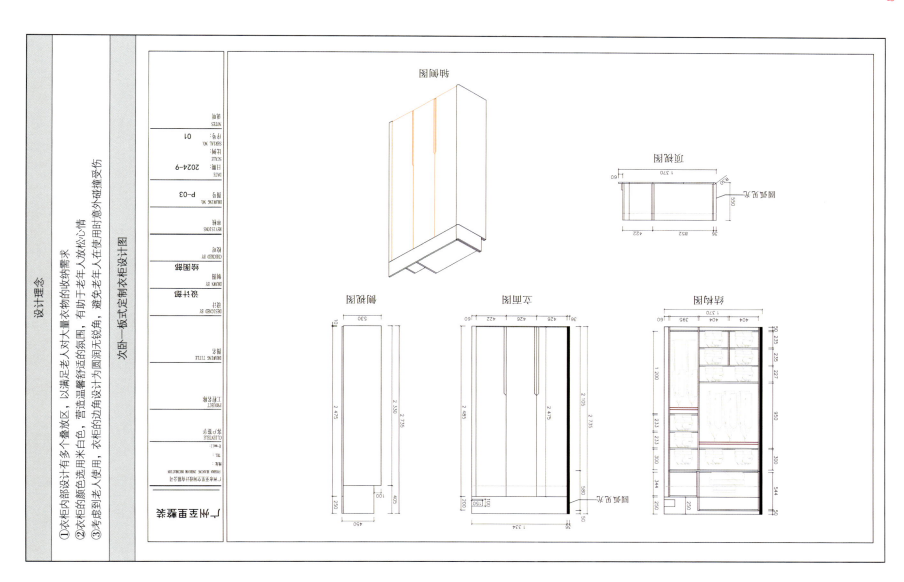

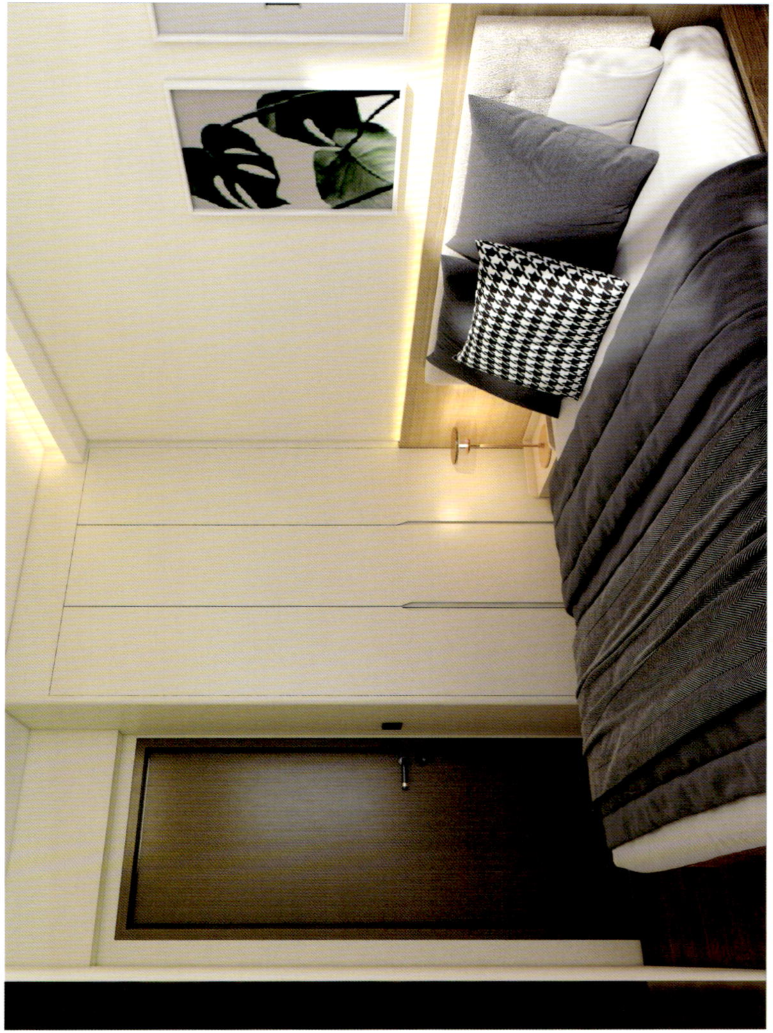

次卧—效果图

安装实拍图

案例2　定制一字形衣柜设计

空间信息

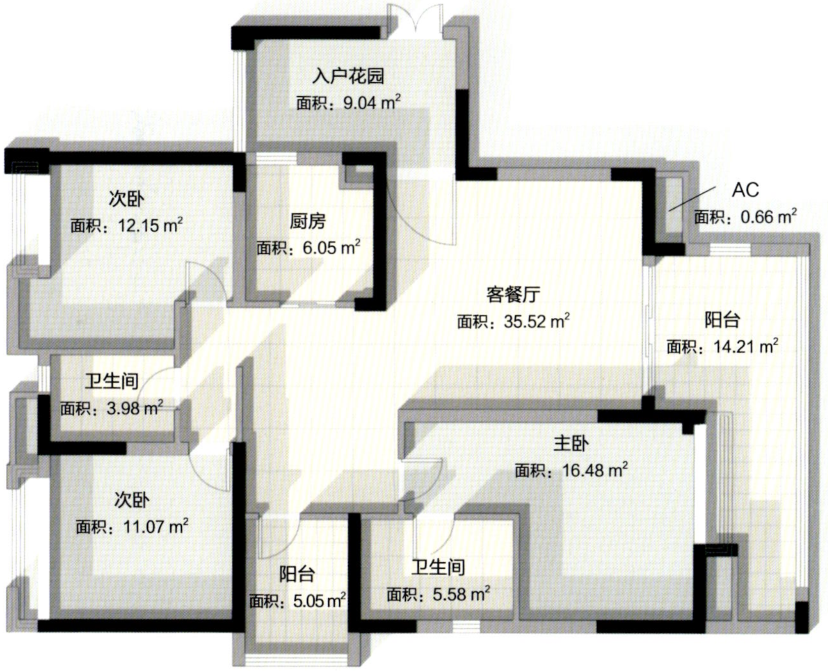

客户需求

①不喜欢叠衣服，想要多个挂衣区
②想要大量收纳空间
③衣柜的材料要易于清理
④整体风格清爽舒适

测量主卧衣柜空间

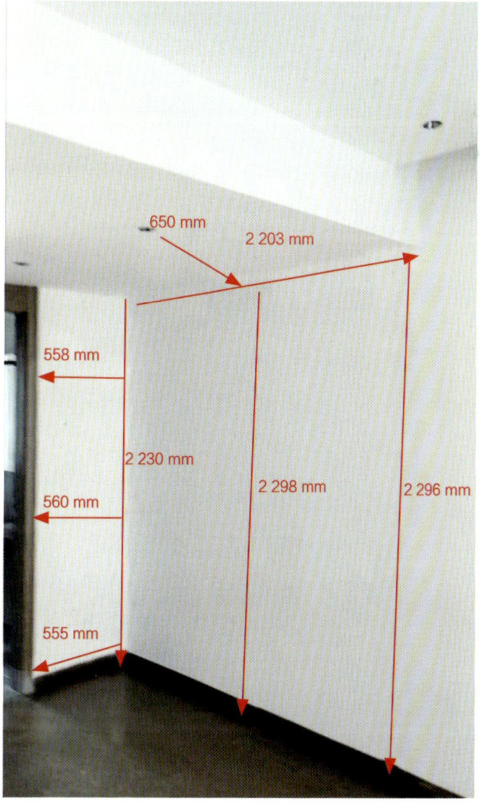

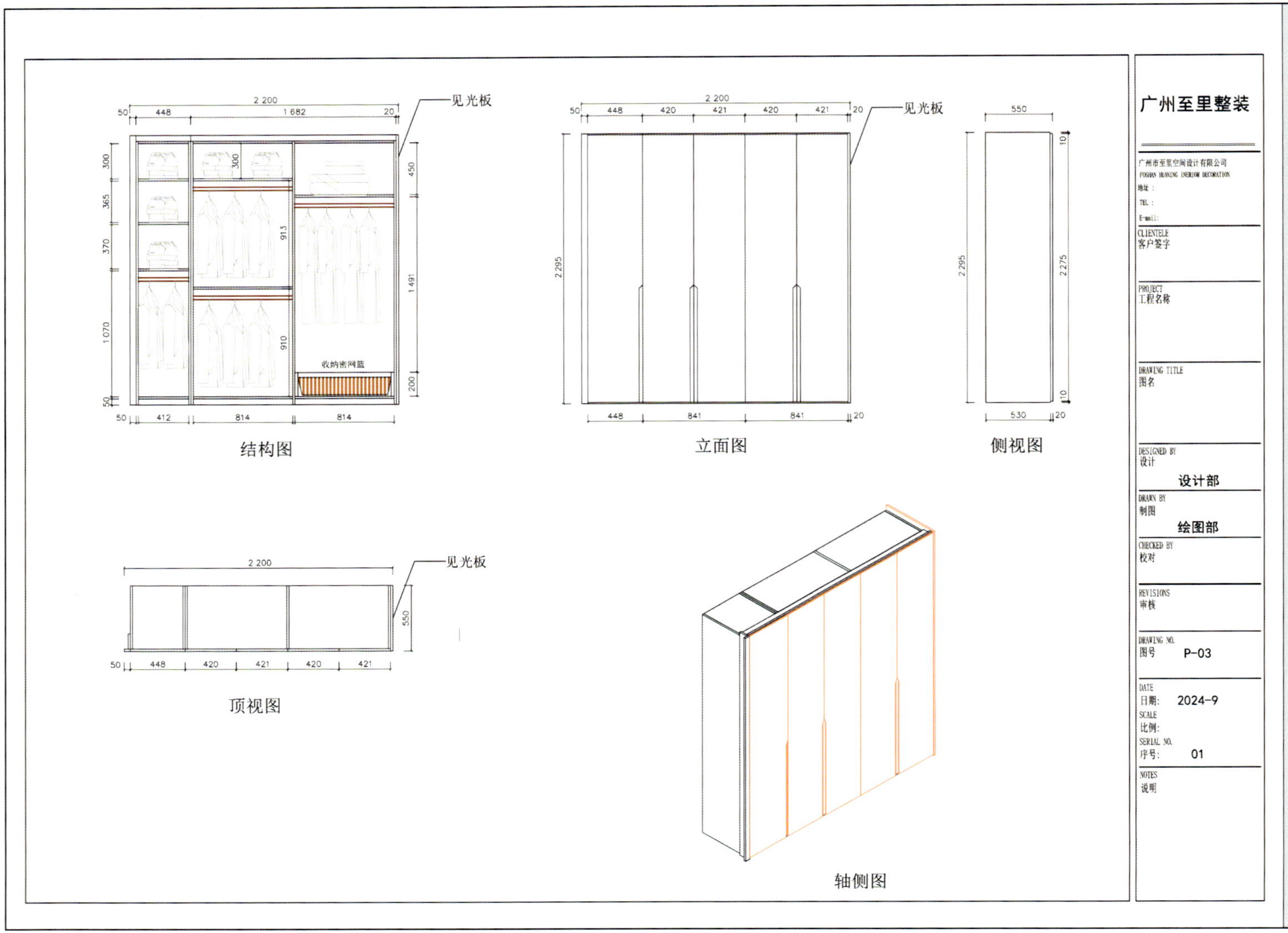

主卧板式定制衣柜设计图

设计理念

①衣柜内部设计有多个挂衣区，包括长衣区及短衣区

②长衣区底部加上收纳密网篮，可视化大容量收纳，收纳应季较厚、可折叠衣物或者过季不常穿衣物

③衣柜选用PET板，其高光表面使得灰尘和污渍难以附着，易于清理

④在卧室中使用米白色衣柜，可以营造出一种温馨舒适的氛围，让人感受到家的温暖和放松

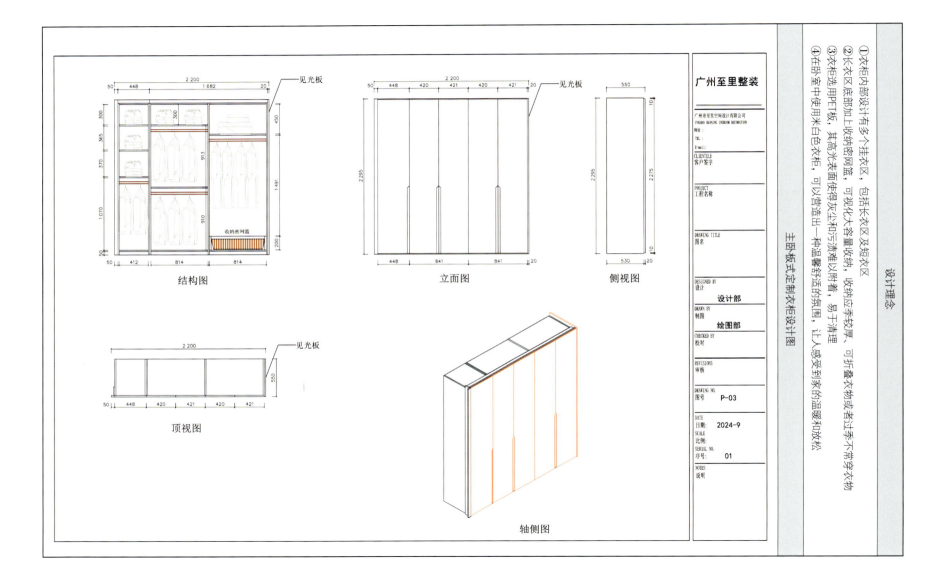

主卧效果图

安装实拍图

项目5　定制鞋柜设计

◆工作任务导入

了解任务设计的背景，明确本次任务的设计对象、环境信息、设计风格、设计需求等基本信息。

任务背景与任务单	
客户信息	居住环境：客户所居住的入户空间与客厅直通 居住人数：3人，包括男女主人和孩子 职业背景：男主人是一名高级工程师，女主人是一名中学教师，孩子正在读初中 兴趣爱好：男主人热爱户外活动，如徒步、摄影和钓鱼；女主人喜欢阅读；孩子热爱体育运动，尤其是篮球和足球
客户居住环境	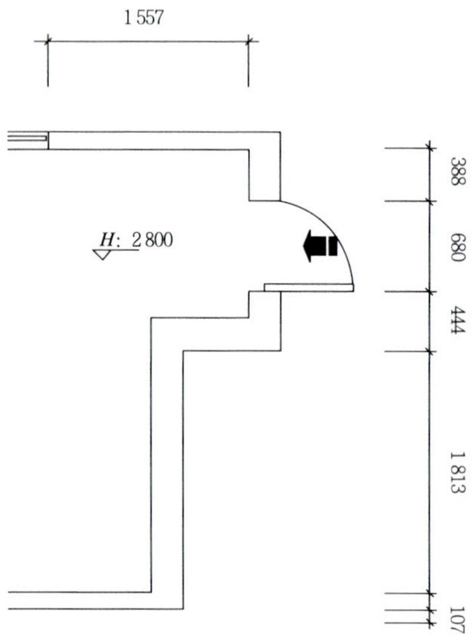 入户空间图
客户要求	①由于家庭成员热爱运动，鞋子数量较多，因此客户需要一个容量较大的鞋柜，以满足收纳需求 ②除了基本的收纳功能，客户还希望鞋柜能够具备一些实用的附加功能，如换鞋凳、挂钩等，方便日常更换鞋子和挂放包包等物品 ③考虑到需长期使用，客户希望鞋柜能够选用耐用、易清洁的材料制作，方便日常维护
工作任务	任务内容：明确客户需求和要求，设计入户鞋柜 交付形式：平面布局图、板式定制家具设计图及室内定制家具效果图等关键图纸 课后作业：定制鞋柜设计
项目设计师	设计师签名：______ 时　　间：______ 备　　注：______

◆小组协作与分工

请同学们按照自己的岗位意向和个人特长，选择合适的工作任务角色，完成下表。

小组名称	工作任务角色	组员姓名	个人特长
	项目负责人		
	测量员		
	绘图员（室内平面布局图）		
	绘图员（板式定制家具设计图）		
	绘图员（效果图）		

◆知识导入

问题1：板式定制鞋柜有哪些造型?

____

问题2：板式定制鞋柜如何布局?

____

5.1 知识准备

5.1.1 板式定制鞋柜

鞋柜是指存放鞋子的家具，通常放置在房屋入口或门厅处，以便人们进门后可以方便地脱下鞋子并整齐放置。板式定制鞋柜，指使用板式材料，并根据客户需求和居住环境进行个性化定制，如调整尺寸、增加储物功能、设计换鞋凳等，实现多种功能和样式，以满足不同客户的需求和审美。

5.1.2 板式定制鞋柜造型

随着社会进步和人们生活水平的提高，人们对家居生活环境质量的追求也越来越高。鞋柜作为居家收纳必备家具，从早期用来陈列鞋的家具演变出多种样式，给人们的生活带来了极大的便利。以下是一些常见的定制鞋柜造型（图5–1）。

平行式鞋柜：采用吊柜与地柜组合的形式，形成平行状态。中间和底部通常悬空设计，中部区域可以用于摆放装饰物品，如绿植、相框等。这种设计不仅具有多样化的功能，还具有较高的精致度和充足的储物空间，适用于各种玄关设计。

嵌入式鞋柜：是定制鞋柜中比较常见的一种造型，它利用墙面凹陷位置或者走廊、玄关等空间，将鞋柜嵌入其中，与墙面平齐，既美观又节省空间。嵌入式鞋柜可以设计成多种样式，如平板门、玻璃门、百叶门等，可根据整体装修风格和个人喜好来选择。

转角式鞋柜：通常设计在墙角处，充分利用空间，增加储物面积。这种鞋柜可以设计成弧形或者直角形，根据墙角的具体情况来定制。转角鞋柜可以搭配多种功能，如抽屉、储物格、换鞋凳等，方便使用。

平行式鞋柜

嵌入式鞋柜

转角式鞋柜

隔断式鞋柜

图5-1　常见的定制鞋柜造型

隔断式鞋柜：隔断式鞋柜通常用于入户门厅或者玄关处，可以起到隔断空间的作用，保护隐私。这种鞋柜的设计需要考虑隔断的高度和宽度，以确保隔断效果和使用的便利性。

除了以上几种常见的造型，定制鞋柜还可以根据客户的需求和居住环境进行个性化设计，如定制鞋架、鞋凳、鞋柜组合等。总之，定制鞋柜的造型设计应该根据客户的需求和居住环境进行个性化定制，以提供方便、实用、美观的储物空间。

5.1.3　板式定制鞋柜内部布局

板式定制鞋柜的功能分区可以根据客户的需求和居住环境进行个性化设计，一般分为6个功能区：拖鞋区、鞋子储存区、换鞋凳区、置物台、杂物储存区、挂衣区（图5-2）。

拖鞋区：在鞋柜底部留出一定的空间，方便进门时放置拖鞋。这个区域的高度一般可以根据拖鞋的高度进行定制。

鞋子储存区：这是鞋柜的主要功能区域，可以根据家庭成员的鞋子数量和种类进行分区设计。一般来说，可以分为板鞋区、高跟鞋区、短靴区、长靴区等，每个区域的高度和宽度可以根据鞋子的尺寸进行调整。根据鞋的大小不同，最好在内部设计活动层板，这样可以灵活调整层高，从而更便捷地存放各种鞋子。

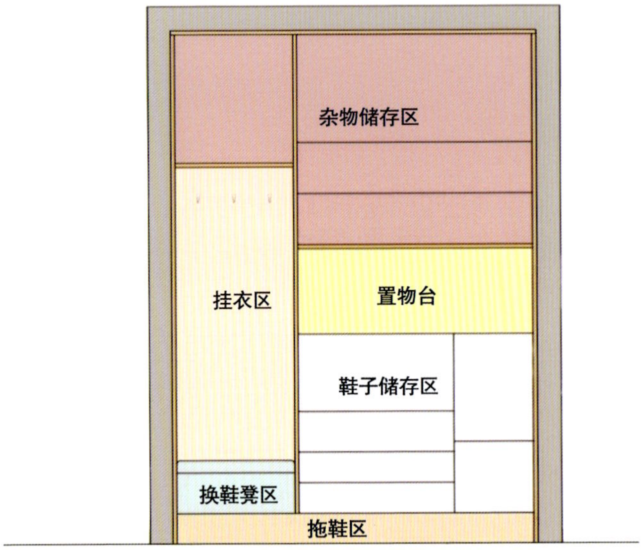

图5-2　鞋柜功能分区

换鞋凳区：在鞋柜的一侧或中间部分设置换鞋凳，方便坐着换鞋，同时可以增加鞋柜的美观性。换鞋凳的高度和宽度可以根据家庭成员的身高和使用习惯进行定制。

置物台：指鞋柜内部或上方用于放置物品的台面，这个台面可以用来放置杂物及装饰品等，方便展示物品或人们在使用鞋柜时随手取用。

杂物储存区：在鞋柜的上方或侧面设置一些储物格或抽屉，方便储存一些杂物或小物件，如袜子、领带、雨伞等。

挂衣区：在鞋柜一侧或上方设置挂衣区，方便进门时挂放外套、围巾、帽子等衣物，同时可以增加鞋柜的实用性。

需要注意的是，定制鞋柜的功能分区应该根据客户的需求和居住环境进行个性化设计，不仅要满足实用性，还要考虑美观性和舒适性。同时，鞋柜的尺寸和风格也应该与家居的整体装修相协调，以提升整体的美观度和舒适度。

5.1.4　板式定制鞋柜的基本尺寸与要求

鞋柜作为一种专门用于存放鞋子的家具，通常设计有一个或多个分隔区域，以便整齐存放不同种类的鞋子。鞋柜可以有不同的设计风格和尺寸，以适应不同家庭和个人的需求。鞋柜的合理设计可以更好地解决鞋子、包包、外套随意摆放的问题，提高室内的整洁度。

（1）整体布局尺寸

鞋柜尺寸，分为外部尺寸和内部尺寸，确定外部尺寸比较简单，规则较少，鞋柜宽度根据所利用的空间宽度合理划分，深度通常为300～400 mm。

（2）收纳分区尺寸

①鞋子储存区：

鞋子储存区内每层的高度取决于鞋子的尺寸；

存放凉鞋、平底鞋的层板净空宜为100～150 mm；

存放低帮鞋、中跟鞋的层板净空宜为150 mm；

存放高跟鞋、高帮鞋的层板净空宜为200 mm；

板式定制鞋柜
基本尺寸与要求

存放中靴的层板净空宜为300～350 mm；

存放高靴的层板净空宜为400～500 mm。

②换鞋凳区：

换鞋凳区的换鞋凳高度宜为300～400 mm；

换鞋凳区长度宜为600 mm；

换鞋凳区下方可预留200 mm净空放置常用鞋子。

③挂衣区：

挂衣区设置在方便拿取的位置；

常见的长衣尺寸宜为1 100～1 300 mm；

挂衣区净空宜为1 200～1 400 mm，挂衣离地高度不宜大于1 850 mm。

④置物台：

置物台用来放置包包、钥匙等随身物品；

临时放置层的高度宜为900～1 000 mm。

⑤杂物储存区：

顶柜可做杂物储物区，放置层上方的储物区高度宜为850～1 050 mm，下方区域可以放置干净的过季鞋盒，上方区域可以放置大件物品；

挂衣区上方的储物区高度宜为500～800 mm，可用来放置女式靴子。

5.2 工作任务实施

任务1 测量

（1）任务思考

	任务思考	答案
问题1	根据客户需求，我们需要如何确定鞋柜尺寸	
问题2	如何测量鞋柜空间 测量入户空间展示	

（2）任务实施

步骤一：测量工具准备

负责人：项目负责人

工具					
数量					

步骤二：现场测量记录尺寸(以实际课堂测量空间为准）

负责人：测量员

尺寸数据记录：

步骤三：标注障碍物尺寸和位置

负责人：测量员

障碍物记录：

注意事项

在进行鞋柜测量时，要精确到每一个细节，如鞋柜的尺寸、高度、深度等，确保测量的准确性。同时，也要注重客户需求，根据家庭成员的鞋码、数量等实际情况，进行个性化的设计，以满足客户的实际需求。

任务2　设计

（1）任务思考

	任务思考	答案
问题1	板式定制鞋柜需要设计哪些功能	
问题2	利用软件绘制板式定制鞋柜的步骤是什么　板式定制鞋柜设计绘图演示	

（2）任务实施

步骤一：绘制平面布局图

负责人：绘图员（室内平面布局图）

进行平面布局图绘制： （利用绘图软件进行绘制）

步骤二：地柜参数

负责人：绘图员（板式定制家具设计图）

实施地柜设计绘图： （利用绘图软件进行绘制）	
单元柜数量	
单元柜宽度	
单元柜深度	
单元柜高度	

步骤三：吊柜参数

负责人：绘图员（板式定制家具设计图）

实施吊柜设计绘图： （利用绘图软件进行绘制）	
单元柜数量	
单元柜宽度	
单元柜深度	
单元柜高度	

步骤四：内部布局

负责人：绘图员（板式定制家具设计图）

实施内部组件清理：							
组件（板件、抽屉、掩门、架类、五金、配件）							
数量							

步骤五：效果图绘制

负责人：绘图员（效果图）

实施设计绘图：								
位置								
材质								

注意事项

在进行鞋柜设计时，务必兼顾实用性与环保性。不妨融入中国传统文化元素，以此彰显文化自信，让传统韵味在现代家居中焕发新生。通过传统文化与现代设计的巧妙结合，不仅能够培养设计师的创新意识，更能在实践中提升其实践能力，为现代家居设计注入更多活力与灵感。

任务3　制作

（1）任务思考

	任务思考	答案
问题1	板式定制鞋柜制作流程	
问题2	板式定制鞋柜制作注意事项	

（2）任务实施

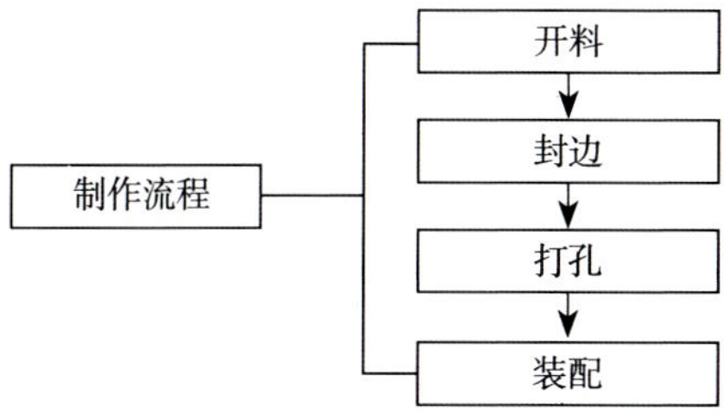

车间制作板式定制鞋柜展示

注意事项

每一件板式定制鞋柜的制作都需要精益求精，注重每一个细节的处理，确保鞋柜的质量和稳定性。同时，也要注重材料的选择和环保性，选择符合环保标准的材料，减少对环境的污染。

任务4　安装

（1）任务思考

	任务思考	答案
问题1	安装板式定制鞋柜流程 安装鞋柜展示	
问题2	板式定制鞋柜安装注意事项	

（2）任务实施

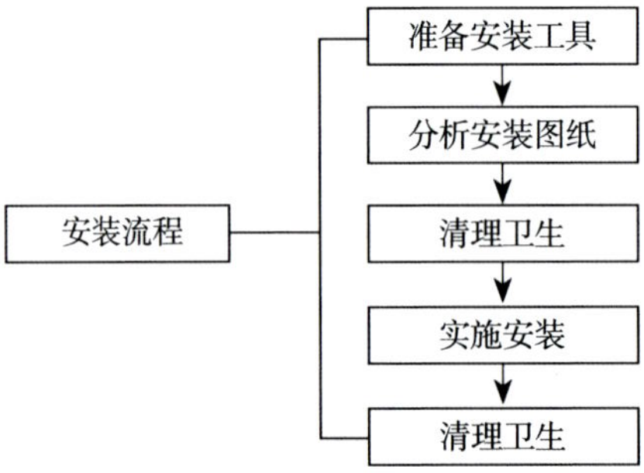

板式定制鞋柜安装实施要点

注意事项

安装板式定制鞋柜不仅是一项技术活，更是一种服务。需要对客户的房间布局和需求负责，确保鞋柜能够顺利安装并满足客户的需求。

任务5　企业专家、客户在线指导意见

负责人：项目负责人

企业专家 在线指导意见	
客户 在线指导意见	

5.3 拓展案例

案例　平行式鞋柜设计

空间信息	
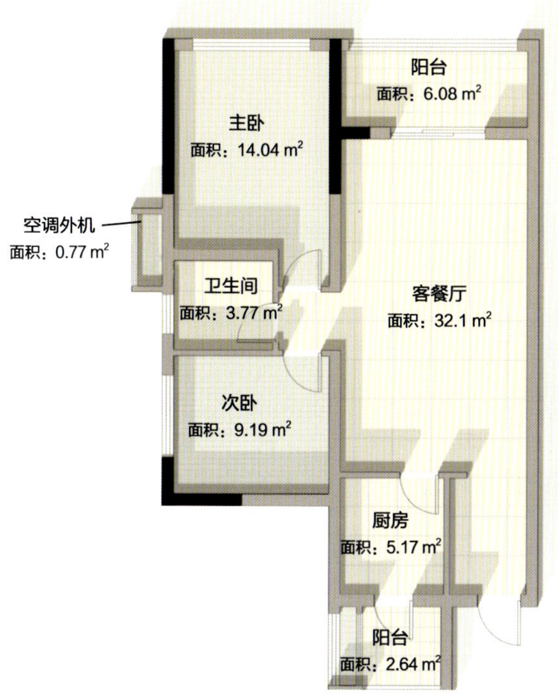	
客户需求	测量入户空间
①鞋子较多，需要大量储物空间 ②整体为原木风格，希望鞋柜风格统一，造型简洁大方 ③希望能有单独的照明，便于换鞋	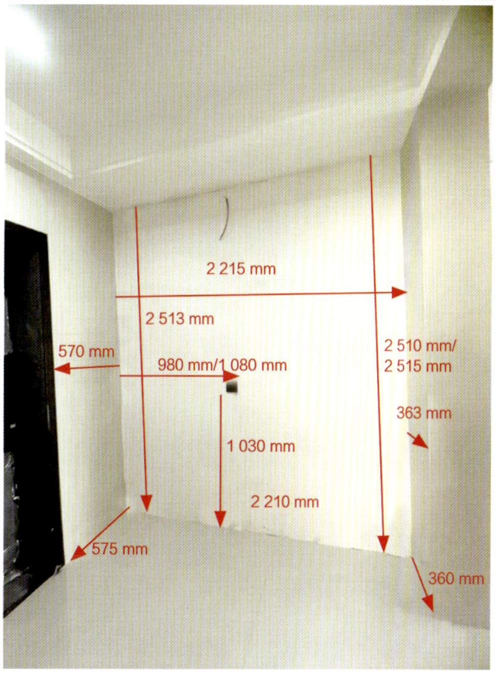

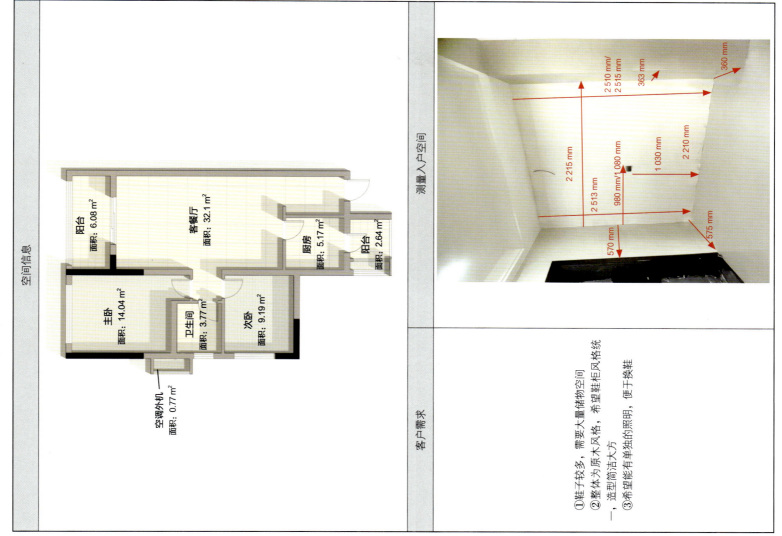

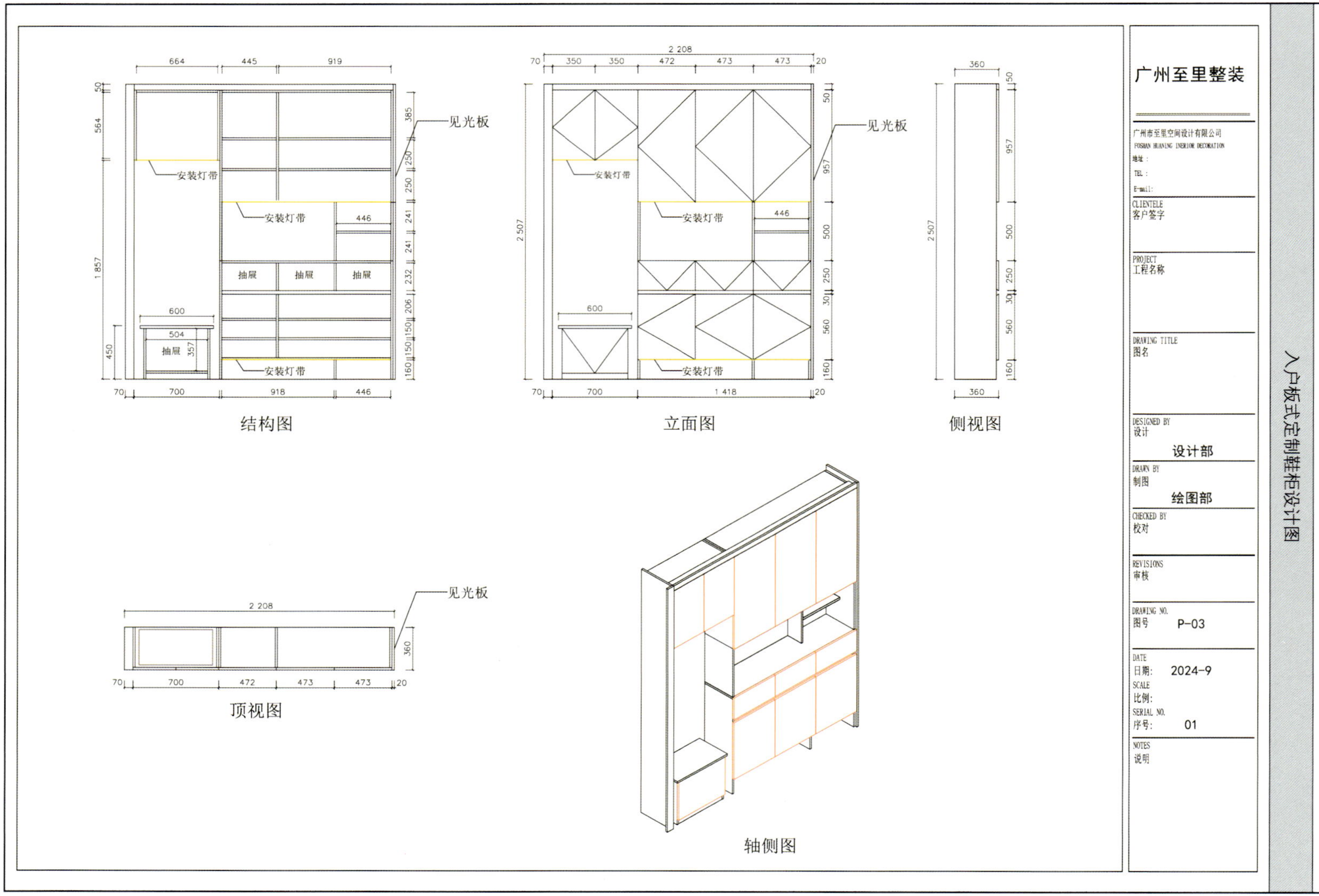

设计理念

①把鞋柜、挂衣区、坐凳有效地结合在一起，增加收纳空间，做成美观的嵌入式柜体

②柜门选用奶白色，柜体选用原木色，符合整体空间的原木风格

③挂衣区、置物台及拖鞋区安装感应灯，方便晚上回家时换鞋及放置物品。同时，灯光也能提升玄关的整体氛围

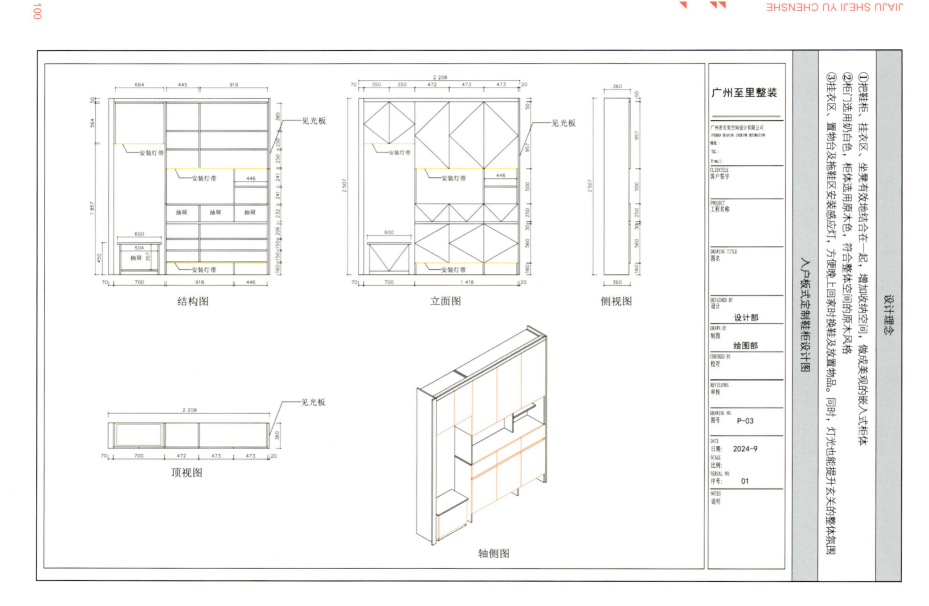

入户效果图

安装实拍图

评价与总结

一级指标	二级指标	评价内容	自评（10%）	互评（10%）	教师（40%）	企业专家（20%）	客户（20%）	小计
工作能力（70分）	小组协作能力	能够为小组提供信息，总结、归纳，提出方法，阐明观点等能力（10分）						
	实践操作能力	具备空间测量能力（10分）						
		具备板式家具造型、结构设计能力（10分）						
		具备板式家具材料性能选用能力（10分）						
	表达能力	能够正确组织和传达工作任务的内容（10分）						
	设计与创新能力	能够设计出符合大众审美的家具（10分）						
		能够设计出独具创意的家具（10分）						
家具作品设计（30分）	职业岗位能力	创新性、科学性、实用性（10分）						
		解决客户的实际需求问题（10分）						
		客户满意度（10分）						
综合得分								
个人小结								

技能训练

训练1（难度：★）

（1）项目名称：板式定制衣柜设计。

（2）训练目标：将客户需求融入衣柜的功能和外观设计中，设计出既实用又具有美感的板式定制衣柜。提升独立思考和实际操作能力。

（3）训练内容和方法：根据下图所示的卧室空间，结合下表中客户的基本信息及功能需求的内容，利用绘图软件，为他们设计一款定制衣柜，以满足客户的收纳和审美要求。

（4）考核标准：设计方案是否具有实用性，能否满足客户需求。

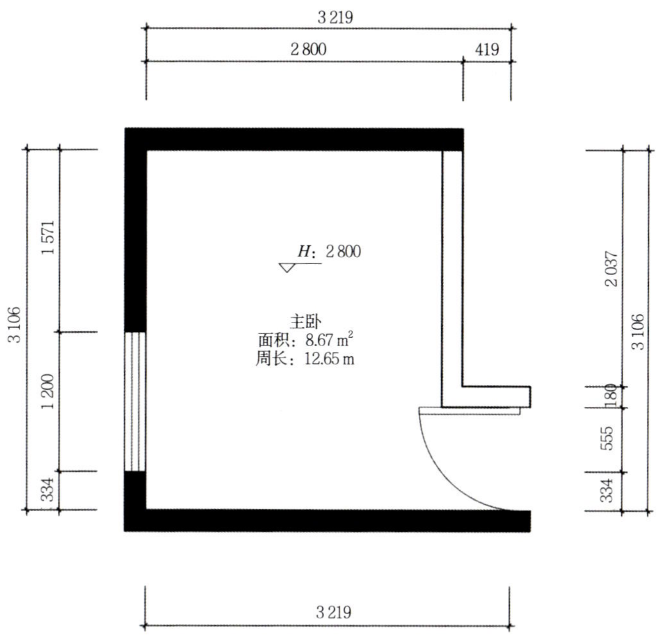

卧室平面布局图

客户的基本信息及相关需求

	男主人	女主人
姓名	张伟	李雪
年龄	35岁	33岁
职业	软件工程师	平面设计师
身高	180 cm	165 cm
体型	中等偏瘦	匀称
风格偏好	简约而现代，偏好自然的颜色	喜欢温馨的自然风格，偏好浅色系，如白色、浅木色等
功能需求	衣柜内部有明确的分区，包括挂衣区、抽屉、层板等，以便能够方便地分类和存取物品	衣柜内部或门后安装一个全身镜，方便试衣。希望衣柜外部材质环保，无刺激性气味，且易于清洁

训练2（难度：★★★★★）

（1）项目名称：板式定制鞋柜设计。

（2）训练目标：将客户需求融入鞋柜的功能及外观设计中，设计出既实用又具有美感的板式定制鞋柜。提升独立思考及实际操作能力。

（3）训练内容和方法：根据下图客餐厅平面布局图，结合客户的基本信息及相关需求内容，利用绘图软件，为他们设计一款定制鞋柜，以满足客户的收纳和审美要求。

（4）考核标准：设计方案是否具有实用性、美观性及创意性，设计方案是否满足客户需求。

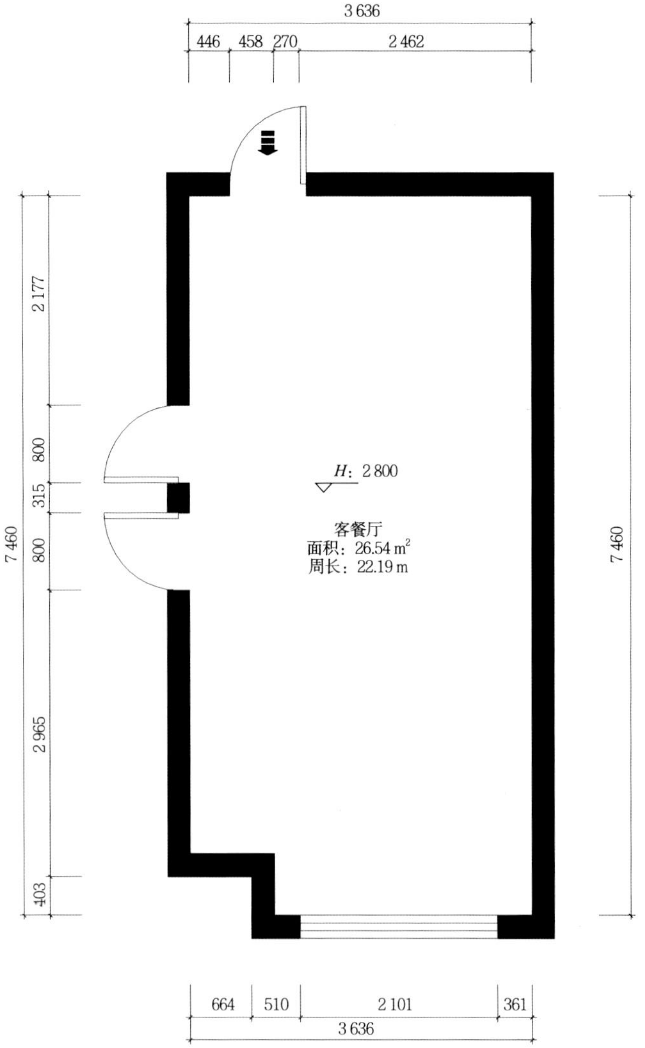

客餐厅平面布局图

客户的基本信息及相关需求

	男主人	女主人	女儿	老人
姓名	周先生	李女士	小美	张奶奶
年龄	40岁	38岁	5岁	75岁
职业	企业经理	家庭主妇	学生	无
鞋码	42码	38码	25～26码	36码
身高	1 760 mm	1 610 mm	720 mm	1 560 mm
风格偏好	简约现代，偏好自然色系	温馨时尚，偏好浅色或中性色调的鞋柜	活泼可爱，喜欢卡通图案或明亮的颜色	传统实用，偏好简单稳重的鞋柜设计

续表

	男主人	女主人	女儿	老人
功能需求	鞋柜具有高效的收纳空间，如多层次的鞋架和可调节的隔层，以适应不同高度的鞋子。同时，鞋柜内部可以设计一些分类标签或标识，帮助快速找到所需的鞋子。鞋柜可以配备电动或手动滑轨，使鞋子能够轻松滑出，减少取鞋时间	鞋柜的材质应该选择易于清洁和维护的，能够抵御日常使用中的污渍和划痕。同时，鞋柜内部应该有良好的通风系统，避免鞋子潮湿和产生异味	设计一些有趣的元素或功能，如可旋转的鞋架、带有彩色图案的抽屉面板等	希望有一个换鞋凳，方便坐着换鞋。有良好的通风系统，避免鞋子潮湿和产生异味。另外，鞋柜的材质也应该易于清洁，方便定期打扫。同时，鞋柜内部可以设计一些照明设施，如LED灯或感应灯，能更清晰地看到鞋子

训练作业清单

（1）室内平面布局图

（2）板式定制家具设计图

（3）室内定制家具效果图

学习模块四

陈设设计

陈设设计是指在室内硬装完成后，利用可移动的装饰物品（如家具、窗帘、饰品等）进行的二次装饰设计。它注重色彩搭配、风格协调，能营造独特氛围，提升空间的舒适度和美感，满足人们对个性化生活空间的需求。

知识目标

（1）理解“住宅设计规范”“建筑装饰装修工程质量验收规范”“建筑制图标准”等国家标准中有关家具设计与软装搭配的知识点内容。

（2）了解陈设设计岗位的能力要求。

（3）熟知陈设的概念、作用、原则与流程。

（4）能够描述软装风格、材质、色彩搭配。

（5）熟知陈设设计项目的方案内容。

（6）把握陈设设计的前沿和发展趋势。

能力目标

（1）制图能力：能够操作陈设设计相关设计软件，具备陈设设计项目设计制图的能力。

（2）方案设计能力：能够发挥创造力和想象力，具备各类室内空间陈设方案的设计能力。

（3）方案实施能力：能够编制项目清单，实施项目采购与摆场，具备对陈设设计项目各环节复杂细节的把握与协调能力。

（4）解决问题的能力：能够分析和解决陈设项目设计与实施过程中的常见问题和挑战，具备自主学习和沟通解决问题的能力。

素质目标

（1）具有爱岗敬业、团结协作的职业素养。

（2）逐步具有成本意识、绿色环保意识和产品质量意识。

（3）精益求精的工作态度应贯穿整个陈设设计项目的实施过程。

项目6　家具与陈设搭配

◆工作任务导入

了解项目设计的背景，明确本次项目的设计对象、设计风格、设计需求等基本信息。

项目背景与任务单	
客户信息	居住环境：4室两厅两卫，新中式风格软装设计 居住人数：5人 职业背景：新媒体行业 兴趣爱好：喜爱旅游，爱收藏传统文化产品，喜爱宠物
客户要求	①新中式风格 ②江南水乡的色彩 ③体现温馨、自然的氛围 ④透气舒适
工作任务	任务内容：明确客户需求和要求，设计一个新中式风格陈设设计方案 交付形式：设计方案PPT和图纸 课后作业：PPT方案汇报
设计要求	①风格元素特征为新中式风格，意向图或产品风格选择正确 ②文本内容正确，排版美观 ③整体版式设计符合新中式风格特征，版式设计清晰成熟，符合项目设计目标，具有原创价值
项目设计师	设计师签名：________ 时　　间：________ 备　　注：________

◆小组协作与分工

请同学们按照自己的岗位意向和个人特长，选择合适的工作任务角色，完成下表。

小组名称	工作任务角色	组员姓名	个人特长
	项目负责人		
	设计师（助理）		
	绘图员1		
	绘图员2		
	谈单员		
	记录员		

◆知识导入

问题1：简述陈设方案文本制作流程。

问题2：简述项目勘测步骤。

问题3：简述五种风格的色彩搭配特点。

问题4：评价五种风格的特点。

6.1 知识准备

6.1.1 陈设设计工作流程

在进行陈设设计时，不能只考虑视觉上的美观，还要考虑空间的实用性和生活场景的营造。在设计过程中，设计师要做的是对生活场景的还原，而不是再创造。通过营造有生活气息、有温度的场景，让室内空间有人物、有温度、有属性（表6-1）。

表6-1 陈设项目进程表

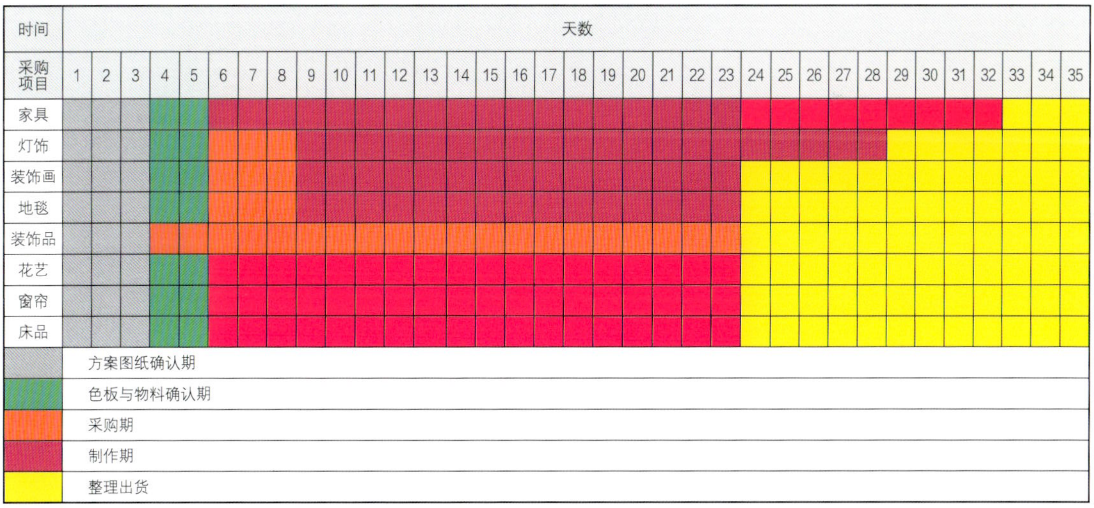

（1）首次空间测量

进行陈设设计的第一步，是对空间进行测量，只有了解基础硬装，对空间的各个部分进行精确的尺寸测量，并画出平面图，才能进一步设计其他的装饰。为了使今后的陈设工作更为顺利，对空间的测量应当尽量保证准确。

（2）与居住者沟通风格和细节

在探讨过程中要尽量多与客户沟通，了解客户喜欢的陈设风格，准确把握装饰的方向。尤其是涉及家具、布艺、饰品等细节的元素，特别需要与客户进行细致沟通。这一步骤主要是为了使软装设计元素的搭配效果既与硬装的风格相适应，同时又能满足客户的特殊需要。

（3）初步构思设计方案

在与客户进行深入沟通交流之后，可以初步确定室内陈设设计方案。初步选择合适的软装配饰，如家具、灯饰、挂画、饰品、花艺等。

（4）完成二次空间测量

在陈设设计方案初步成型后，就要进行第二次的房屋测量。由于基本确定了陈设设计方案，第二次要比第一次的测量更加细致精确。陈设设计师应对室内环境和陈设设计方案初稿进行反复考量，反复确认现场的合理性，对细节进行纠正，并全面核实饰品尺寸。

（5）制订陈设方案

陈设设计方案得到客户初步认可后，进一步调整配饰，并明确方案中各项软装配饰的价格及组合效果，按照设计流程制作方案，制订正式的陈设整体设计方案。

（6）讲解陈设方案

为客户系统全面地介绍正式的陈设设计方案，在介绍过程中听取客户的意见，并征求所有家庭成员的意见，以便进一步调整方案。

（7）调整陈设方案

给客户讲解方案，在确保客户了解陈设方案的设计意图后，陈设设计师应针对客户反馈的意见对方案进行调整，包括陈设整体配饰的元素与价格。

（8）确定陈设配饰

一般来说，家具费用占陈设产品费用比重的60%，布艺占20%，其余（如装饰画、花艺、摆件以及小饰品等）占20%。与客户签订采买合同之前，应先与陈设配饰厂商核定价格及存货，再与客户确定配饰。

（9）签订陈设设计合同

与客户签订合同，尤其是定制家具部分，需确定定制的价格和时间。确认厂家制作、发货时间和到货时间，确保室内陈设设计的整体进度合理。

（10）进场前的产品复查

陈设设计师要在家具未上漆之前亲自到工厂验货，对材质、工艺进行初步验收和把关。在家具即将出厂或送到现场时，设计师要再次对现场空间进行复尺（安装前再次核对产品与现场尺寸，以确保安装的顺利进行）。

（11）进场后的安装摆放

配饰产品进入场地后，陈设设计师应亲自参与摆放，对软装整体配饰里所有元素的组合摆放，要充分考虑元素之间的关系和客户的生活习惯。

（12）做好事后服务

陈设配置完成后，应做好后期服务，包括保洁、回访跟踪、保修勘察及送修。

6.1.2 陈设设计项目勘测

（1）空间测量流程

电话联系过后再给客户发送一条文本短信，告知客户自己具体的上门时间，并礼貌地要求客户在现场陪同。

利用手机、相机、摄像机等设备，从入户开始沿顺时针方向将整个空间的地、墙、顶面进行完整的视频拍摄，不放过每一个细节。拍摄现场照片包括平行透视（大场景）、成角透视（小场景）、节点（重点局部）。

使用卷尺、激光尺等现代量房工具，从入户开始沿顺时针方向（相机拍摄方向）测量精准的空间尺寸，在客户提供的硬装图纸上复核尺寸，绘制软装设计项目各个界面的图纸。

复核电源、开关、空调、水管、地漏、暖气、新风口等设施设备位置，在图纸上标出具体尺寸。

沟通各个软装产品与硬装收口细节。

（2）手绘界面图并做好记录

量房的时候观察房子的位置、朝向、周围环境等并记录下来，初步设定房间的功能。

在量房过程中，初步了解房屋结构，画出平面图，并对房屋的软装做出初步设想。

测量每个房间的长宽高、门窗尺寸、门与墙的距离、门窗与天花板的距离、墙体宽厚度等，画出平面草图，并标注尺寸。

如果客户有需求，需要改造布局，那么在初次量房的时候，应将开关面板等在平面图上标示出来，以便后期改造方案的设定。

绘制项目空间原始结构图

判断厨房、卫生间里上下水道的管道布置，后期橱柜、储藏柜、电器摆放位置等，做好预留设想。

6.1.3 陈设设计空间配色

色彩不是一个抽象的概念，它和室内每件物体的材料、质地紧密联系在一起。充分利用色彩的物理性能和色彩对人心理的影响，可在一定程度上改变空间尺寸，改善空间效果。

（1）颜色植入空间

我们首先要了解空间中有什么，然后把色彩合理地附着在空间软装陈设物品上，最后协调物体与物体之间的色彩关系。我们把空间中的物体分成四个角色：背景色、主角色、配角色、点缀色（图6-1）。

①背景色：常指室内墙面、地面、吊顶、门窗及地毯等大面积的界面色彩，它们是软装陈设（家具、饰品等）的背景色彩。背景色以其绝对的面积优势，支配着整个空间的效果。

室内空间由多个界面组合而成，所以背景色往往是由多色组成的色相（图6-2）。

②主角色：室内空间中的主体物，包括大件家具、布艺等构成视觉中心的物品。主角色是配色的中心色，其他搭配颜色通常以此为基础，可以是一种颜色，也可以是一个单色系（图6-3）。

主角色的选择方法：

（产生对比）产生鲜明、生动的效果，选择与背景色或者配角色呈对比的色彩。

（相互融合）整体协调、稳重，选择与背景色、配角色相同色或者类似色。

③配角色：视觉重要性次于主角色，常用于陪衬主角色，使主角色更加突出。通常用于体积较小的家具，如短沙发、椅子、茶几、床头柜等。配角色可以是一种颜色，或者一个单色系，还可以是由若干颜色组成的色块（图6-4）。

④点缀色：室内环境中最易于变化的小面积色彩，如壁挂、靠垫、植物花卉、摆设品等。点缀色常采用强烈的色彩，以对比色或高纯度色彩来加以表现（图6-5）。

图6-1　室内空间色彩

图6-2　背景色

图6-3　主角色

图6-4　配角色

图6-5　点缀色

（2）空间四角色搭配原则

学空间配色，首先必须了解配色比例。室内空间色彩黄金比例为6∶3∶1，其中背景色占60%，包括基本墙面、地面、顶面的颜色，主角色+配角色占30%，包括家具、布艺等的颜色，点缀色占10%，包括装饰品的颜色等。这种搭配比例可以使家中的色彩丰富，但又不显得杂乱，主次分明，主题突出（图6-6、图6-7，表6-2）。

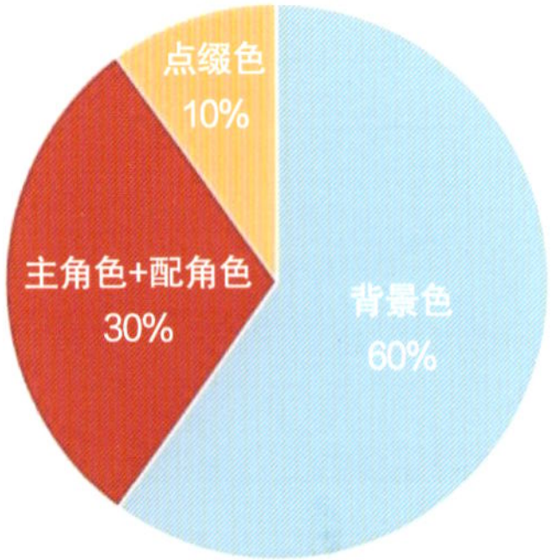

图6-6　配色黄金比例——背景色∶主角色+配角色∶点缀色=6∶3∶1

图6-7　卧室配色

表6-2 配色提取

背景色	墙面、地面、吊顶、地毯	60%	231 227 227	184 181 186	125 103 86
主角色	床、窗帘	30%	185 143 137	207 204 202	79 79 77
配角色	梳妆台、床头柜		220 218 219	154 119 113	
点缀色	靠枕、摆件	10%	250 241 181	239 211 211	

（3）空间色彩数量

空间中的色彩数量会影响装饰效果，通常分为少色数型和多色数型。三色及三色以内是少色数型，三色以上是多色数型，要注意的是这里的色指的是色相，例如深红和暗红可以视为一种色相，同属于一色。白色、黑色、灰色、金色、银色不计入色彩数量。

图案类以其整体呈现的色彩为准。例如一块花布有多种颜色，专业上以主要呈现色为准。判断呈现色的办法是眯着眼睛看主要色调，但如果一个大型图案中有多个明显的大面积色块，就得视为多种颜色（图6-8至图6-10）。

图6-8 少色数型的搭配显得和谐且简洁干练

图6-9 多色数型的搭配充满开放感和个性气氛

图6-10　花布多色彩的搭配看整体色彩感觉

（4）空间色彩印象

什么是色彩印象？色相+色调=色彩印象。有哪些常见的色彩印象？什么是决定色彩印象的因素？

我们跟客户沟通的时候常会分析客户的兴趣爱好、个性、职业、年龄等，从而得出客户印象，不同印象会匹配出不同配色，配色与印象一致才算成功的配色，色调、色相、对比强度、面积比都是决定色彩印象的因素（表6-3）。

表6-3　空间中色彩运用

配色印象	色彩	空间配色运用
休闲活力：给人热情奔放、开放活泼的家居空间感觉，是年轻一代的最爱。配色上通常以鲜艳的暖色为主，色彩明度和纯度较高。如果再搭配上对比色的组合，可以呈现出极富冲击感的视觉效果	72 185 189 249 231 147 252 219 44 238 175 0 235 118 100 227 96 50 200 217 40	
时尚前卫：配色给人时尚、动感、流行的感受，使用的色彩饱和度较高，并通常通过对比较强的配色来表现张力，如黑白配，各种彩色的互补色和对比色，以及不同明度和纯度的对比等	225 107 33 210 20 118 225 241 0 211 214 49 0 161 233 180 180 180 61 60 82	

续表

配色印象	色彩	空间配色运用
浪漫甜美：纯度很低的粉色和紫色是营造浪漫氛围的最佳色彩，如淡粉色、淡薰衣草色	243 209 223 249 230 198 212 236 248 240 175 157 241 217 223 223 240 248 147 30 74	
传统厚重：配色常以暗浊的暖色调为主，明度和纯度都比较低，表现出传统的味道，如褐色、白色、米色、黄色、橙色、茶色、木纹色等	155 112 69 191 137 103 247 223 177 196 170 95 81 53 31 125 163 102 151 130 113	
浓郁华丽：是华丽还是朴素与色相关系最大，其次是纯度与明度。紫色象征神秘奢华，金色象征王权高贵，白色象征纯洁神圣，冰蓝色象征冷艳高级，喜庆的红色表现出浓郁的华丽气息	131 30 88 121 41 127 219 188 22 178 34 57 145 92 24 178 155 23 23 23 21	
都市气息：都市印象的配色常常能够使人联想到商务人士的西装、钢筋水泥的建筑群等的色彩。通常用灰色、黑色等与低纯度的冷色搭配，明度、纯度通常较低，色调也较弱	221 221 219 121 123 135 143 147 159 85 117 164 3 60 103 117 91 74 0 0 0	

续表

配色印象	色彩	空间配色运用
自然气息：从自然景观中提炼出来的配色体系，具有很强的包容性。色相以浊色调的棕色、绿色、黄色为主，明度中等、纯度较低。树木的绿色和大地的棕色是自然中最常见的色彩	207 225 141 188 208 75 163 142 14 138 106 59 223 178 121 149 164 143 181 199 183	

制作软装设计色彩分析方案

6.1.4 陈设设计风格特征

室内陈设设计风格是指在室内空间中，通过对家具、灯具、布艺、饰品等软装元素的选择、搭配和布置，营造出特定的风格和氛围。

此处以新中式陈设设计为例，讲述室内陈设设计项目风格的设计内容及技法。

新中式风格的基本内容主要包括两方面：一是中国传统风格文化意义在当前时代背景下的演绎，二是对中国当代文化充分理解基础上的当代设计。新中式风格不是纯粹的传统元素堆砌，而是通过对传统文化的认识，将现代元素和传统元素结合在一起，以现代人的审美需求来打造富有传统韵味的事物，让传统艺术在当今社会得到合适的体现（图6-11、图6-12）。

图6-11　新中式风格的整体空间布局讲究对称

图6-12　新中式风格将中国古典元素与现代元素结合在一起

（1）色彩搭配

本方案以苏州园林和京城民宅的黑、白、灰色为基调，采用了富有中国画意境的色彩淡雅清新的高雅色系（图6-13）。

本方案采用富有皇家贵族气息的色彩鲜艳的高调色系，以皇家住宅的荔枝红、至尊金、青金蓝、松柏绿、木檀棕等作为局部色彩（图6-14、图6-15）。

图6-13　中国画意境配色

图6-14　高调色系配色1

图6-15 高调色系配色2

(2)家具类型

新中式风格家具摒弃了传统中式家具的复杂造型和繁复雕花纹样，多采用简单的几何形体，运用现代材质及工艺，演绎中国传统文化的精髓，不仅拥有典雅、端庄的中国气息，而且具有明显的现代特征。新中式家具多以线条简练的仿明式家具为主（图6-16至图6-19）。

图6-16 仿明式家具1

图6-17 仿明式家具2

图6-18 仿明式家具3

图6-19 仿明式家具4

(3)照明灯饰

新中式风格灯饰相对于传统中式风格，造型偏现代，线条简洁大方，往往在部分装饰细节上注入中国元素。比如传统灯饰中的宫灯、河灯、孔明灯等都是新中式灯饰的演变基础。除了能够满足基本的照明需求，还可以将其作为空间装饰的点睛之笔。其中，新中式风格的陶瓷台灯做工精细，质感温润，仿佛艺术品，非常具有收藏价值（图6-20、图6-21）。

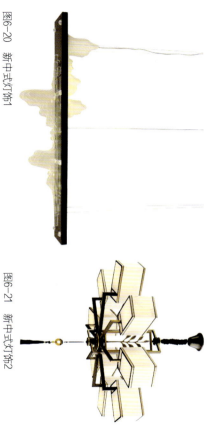

图6-20 新中式灯饰1

图6-21 新中式灯饰2

（4）布艺织物

①窗帘：偏禅意的新中式风格适合搭配棉麻材质的素色窗帘；比较传统雅致的空间，窗帘建议选择沉稳的咖啡色调或者大地色系，例如浅咖啡色或者灰色、褐色等;如果喜欢明媚、前卫的新中式风格，最理想的窗帘色彩自然是高级灰（图6-22）。

②地毯：新中式风格空间的地毯既可以选择具有现代感的中式元素图案，也可以选择带有传统回纹、万字纹、花鸟山水、福禄寿喜等的中国古典图案。通常大空间适合花纹较多的地毯，小空间则适合图案较朴素简单的地毯（图6-23）。

图6-22 室内窗帘

图6-23 室内地毯

③床品：新中式风格的床品需要通过纹样展现中式传统文化的意韵，而色彩上则需要突破传统中式的配色手法。在具体款式上，新中式风格的床品不像欧式床品那样要使用流苏、荷叶边等丰富装饰，重点在于色彩和图形要体现一种意境，如回纹、花鸟等图案就很容易展现中国风情（图6-24）。

④靠枕：如果空间的中式元素比较多，靠枕最好选择简单、纯色的款式；当空间中的中式元素比较少时，可以赋予靠枕更多更复杂的中式元素，如花鸟、窗格图案等（图6-25）。

（5）软装饰品

①摆件：瓷器一直是中国家居中的重要饰品，其装饰性不言而喻，如将军罐、陶瓷台灯、青花瓷摆件都是新中式风格软装中的重要组成部分。此外，寓意吉祥的动物（如狮子、貔貅、鸟类、骏马等）造型的瓷器摆件也是新中式风格常用的饰品（图6-26、图6-27）。

②壁饰：新中式风格壁饰应注重与整体环境色调的呼应与协调，沉稳素雅的色彩符合中式风格内敛、质朴的气质，如荷叶、金鱼、牡丹等具有吉祥寓意的饰品是常见的新中式空间壁饰。此外，黑白水墨风格的挂盘也能展现浓郁的中式韵味，寥寥几笔就能体现浓浓中国风（图6-28）。

图6-24　新中式风格床品

图6-25　新中式风格靠枕

图6-26　新中式风格摆件1

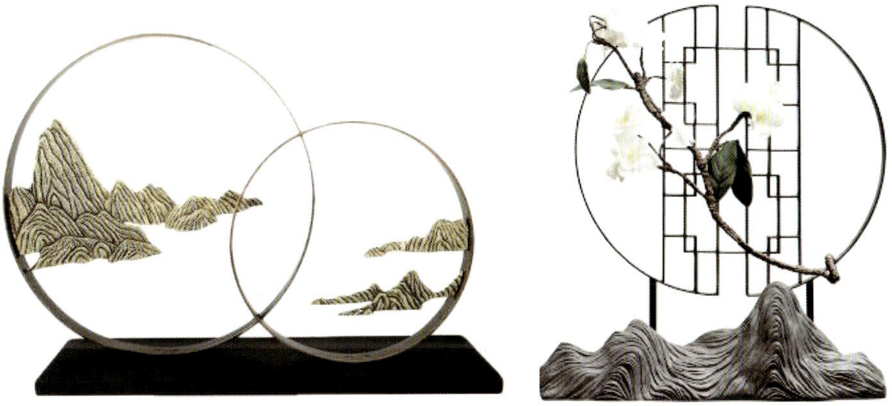

图6-27　新中式风格摆件2

图6-28　新中式风格壁饰

③花艺：新中式风格花艺设计注重意境，追求绘画式的构图，常常搭配摆放其他中式传统配饰，如茶具、文房用具等。花材的选择以枝干修长、叶片飘逸、花小色淡、寓意美好的种类为主，如松、竹、梅、菊、柳枝、牡丹、玉兰、迎春、菖蒲、鸢尾等（图6-29）。

④装饰画：新中式风格装饰画一般采取大量的留白，渲染唯美诗意。此外，花鸟图也是新中式风格常用的题材。花鸟图不仅可以展现中式的美感，还能丰富整体空间的色彩，增添空间的瑰丽、唯美特质（图6-30）。

图6-29　新中式风格花艺

图6-30　新中式风格装饰画

新中式风格软装方案制作流程

6.1.5　软装搭配项目提案设计

陈设物品风格确定后，要对客户进行室内整体的软装搭配项目提案。

软装提案的制作是软装设计师的核心能力，它能充分展现软装设计师的设计思想和设计水平。通过提案的文字能看出设计师的文化修养，通过版式能看出设计师的画面组织能力，通过色彩能看出设计师的色彩把控能力，通过选图可以看出设计师的审美修养。软装提案的设计既是整个软装主题思想、软装效果的集中体现，又是软装设计师设计水平的集中体现，其重要性不言自明。

（1）封面

封面的形式可以多样化，但以方案呈现为主。当然，也有以公司形象、设计师形象等作为提案封面的。

封面设计不能千篇一律，必须与整个方案相统一。有的设计师常常将一个风格的封面应用到所有的软装提案中，虽然公司或设计师会以“统一”的形象展示自己，但同一个封面不一定适合所有方案，因为每个方案的主题、用色、风格等都不尽相同。当最终把方案呈现在客户面前时，方案的第一页至最后一页都应该给客户一个高度统一的印象，应自始至终营造同一种氛围，诉说同一个主题。封面是整个方案的一部分，其字体、色彩和图片等自然应当与后文内容保持高度一致。图6-31所示为软装提案封面，该方案从封面开始每个页面都对新中式元素做了强化，其主题在PPT展开过程中层层推进，不断深入。

图6-31　提案PPT封面

（2）目录

目录在软装提案中不是必需的，因为软装提案大多用PPT的方式进行展示。这种形式决定了软装提案是以渐进方式呈现的，即客户往往是在设计师的引导与讲解下一页一页进行浏览。目录在印刷品上的作用一般是索引，而在PPT软装提案中的作用有两个方面：一是让客户对整个提案的内容一目了然；二是展现设计师的专业精神与水准，以示郑重（图6-32）。

图6-32　提案PPT目录

（3）设计说明

软装设计说明的主要内容为设计思路、创意源泉等，主要形式包括灵感来源、设计构想、氛围图片等。设计说明的文字必须做到言简意赅、措辞优美，图片必须做到简洁清新、精美绝妙，从而将提案聆听（观看）者带入设计师所营造的氛围中（图6-33至图6-36）。

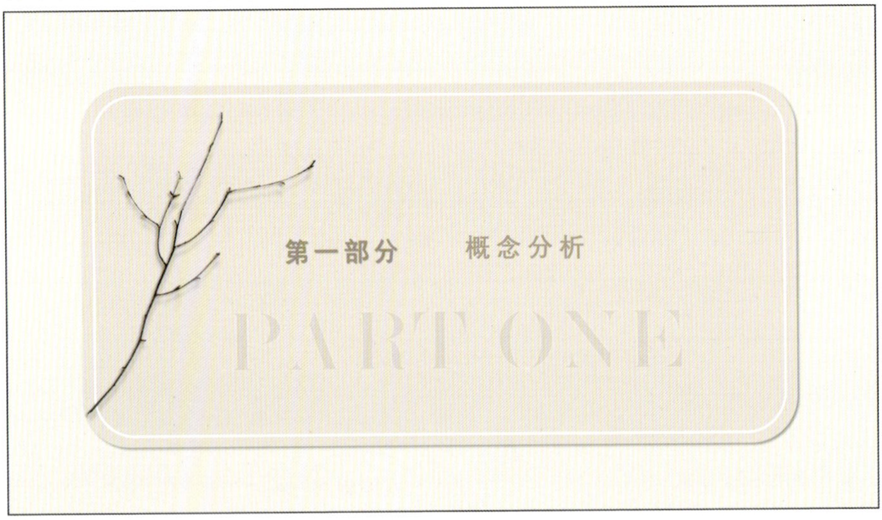
第一部分　概念分析
PART ONE

图6-33
提案PPT内页1

设计理念
诗意的极简主义，在理性之中闪烁诗意之光。用现代设计的当代语言，融合传统文化意境，表现空间的内在韵味和静谧本质。
Poetic minimalism sparkles poetic light in reason. With the modern design of contemporary language, the integration of traditional cultural artistic conception, the performance of space inherent charm and quiet essence.
简约 • 安静 • 低调 • 朴素

图6-34
提案PPT内页2

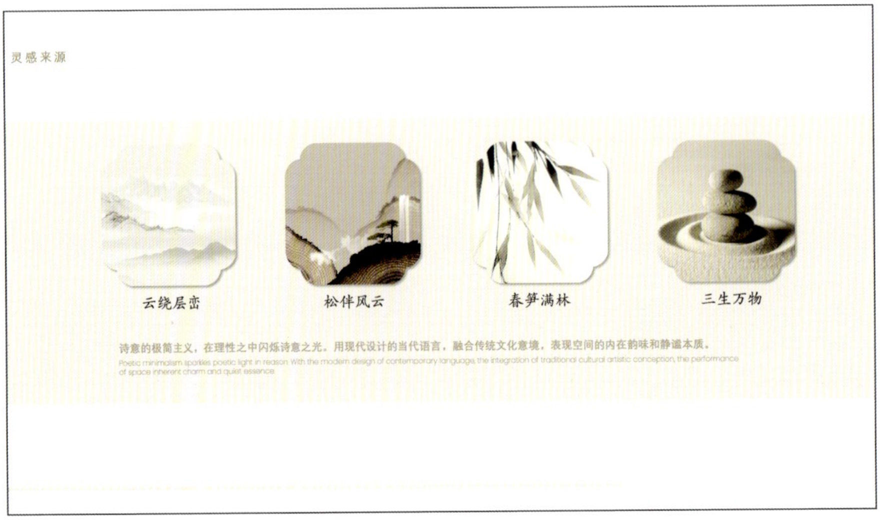
灵感来源
云绕层峦
松伴风云
春笋满林
三生万物
诗意的极简主义，在理性之中闪烁诗意之光。用现代设计的当代语言，融合传统文化意境，表现空间的内在韵味和静谧本质。

图6-35
提案PPT内页3

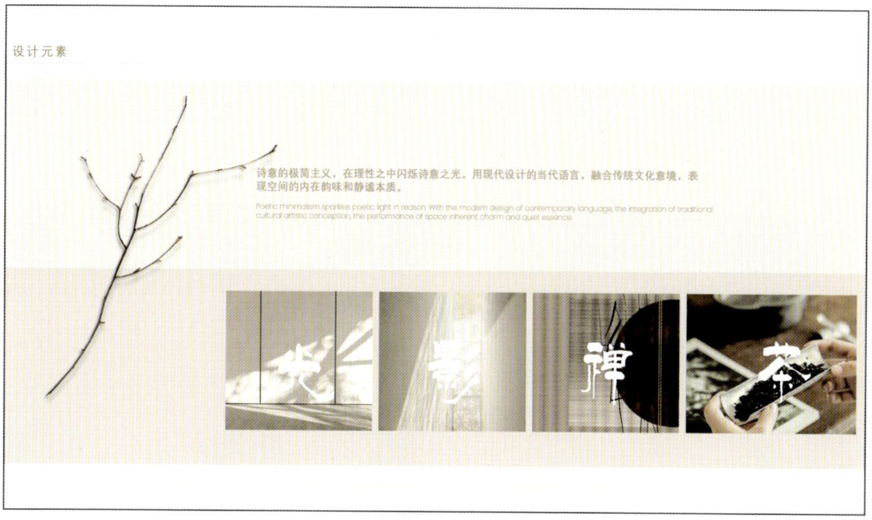

图6-36
提案PPT内页4

（4）色彩分析

色彩是软装设计的核心，因而色彩分析在软装提案中必不可少。设计中需标明色彩的RGB或CMYK参数，由上至下（或由左至右）按其明度顺序进行排列，以便后期实施软装方案时能准确地使用设计师所选择的色彩（图6-37、图6-38）。

图6-37
提案PPT内页5

图6-38
提案PPT内页6

（5）风格分析

风格定位是整套方案的骨架，因而风格分析在软装提案中也是必不可少的。提案中要有简要的风格说明，匹配对应的风格意向图片或意向产品，形成图文并茂的文案（图6-39）。

风格定位
《新简约禅风》
诗意的极简主义，在理性之中闪烁诗意之光。用现代设计的当代语言，融合传统文化意境，表现空间的内在韵味和静谧本质。
Poetic minimalism sparkles poetic light in reason. With the modern design of contemporary language, the integration of traditional cultural artistic conception, the performance of space inherent charm and quiet essence.

图6-39
提案PPT内页7

（6）材料分析

分析软装提案中的所用材料，使客户了解主材的颜色、质感、肌理等属性，其表现形式主要为材料小样及布版设计等（图6-40、图6-41）。

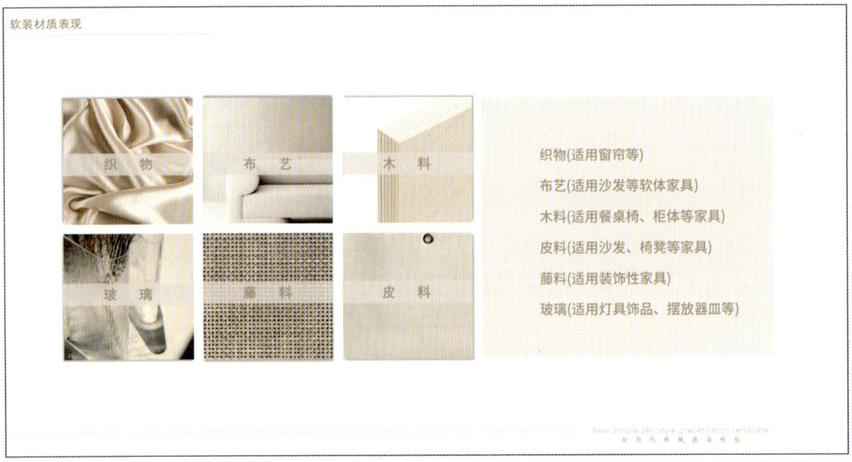
软装材质表现
织 物
布 艺
木 料
玻 璃
藤 料
皮 料
织物(适用窗帘等)
布艺(适用沙发等软体家具)
木料(适用餐桌椅、柜体等家具)
皮料(适用沙发、椅凳等家具)
藤料(适用装饰性家具)
玻璃(适用灯具饰品、摆放器皿等)

图6-40
提案PPT内页8

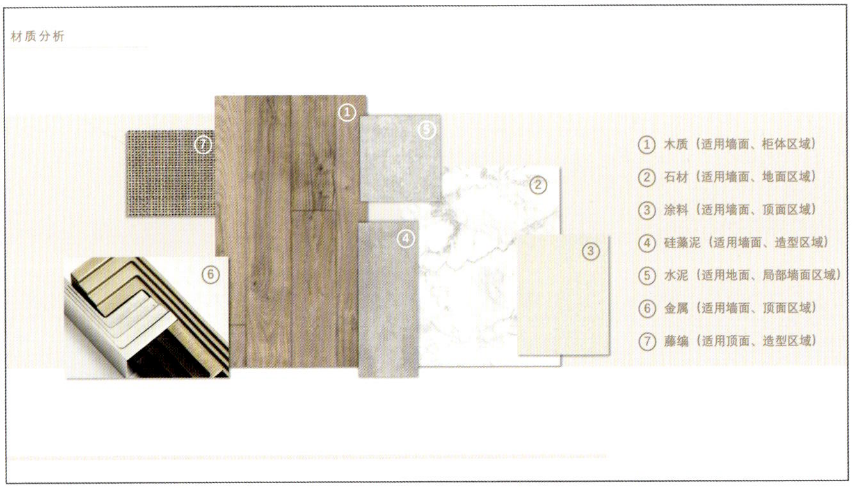
材质分析
①木质（适用墙面、柜体区域）
②石材（适用墙面、地面区域）
③涂料（适用墙面、顶面区域）
④硅藻泥（适用墙面、造型区域）
⑤水泥（适用地面、局部墙面区域）
⑥金属（适用墙面、顶面区域）
⑦藤编（适用顶面、造型区域）

图6-41
提案PPT内页9

（7）硬装分析

大多数软装都是在硬装的基础上进行的，前文已经对软装与硬装的关系做了详细讲解，这里不再赘述。硬装分析包括功能分析、动线分析、风格分析及设计思路分析等（图6-42至图6-44）。

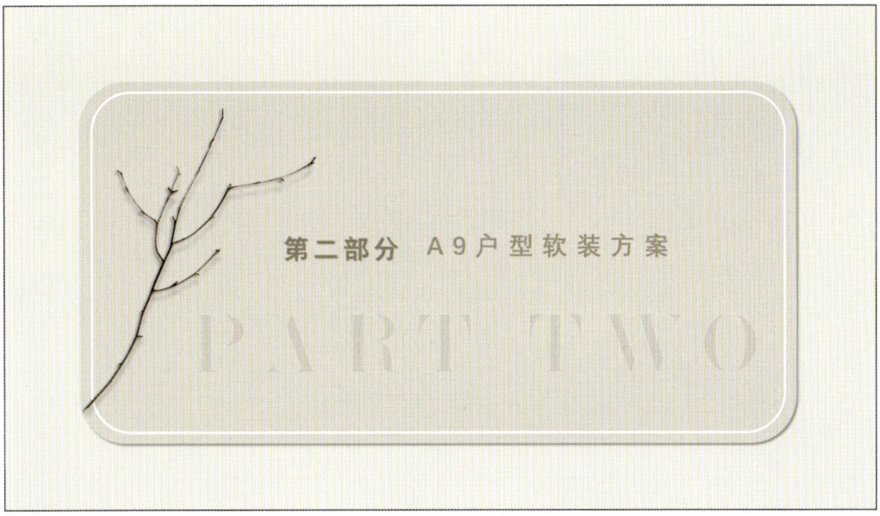

图6-42
提案PPT内页10

图6-43
提案PPT内页11

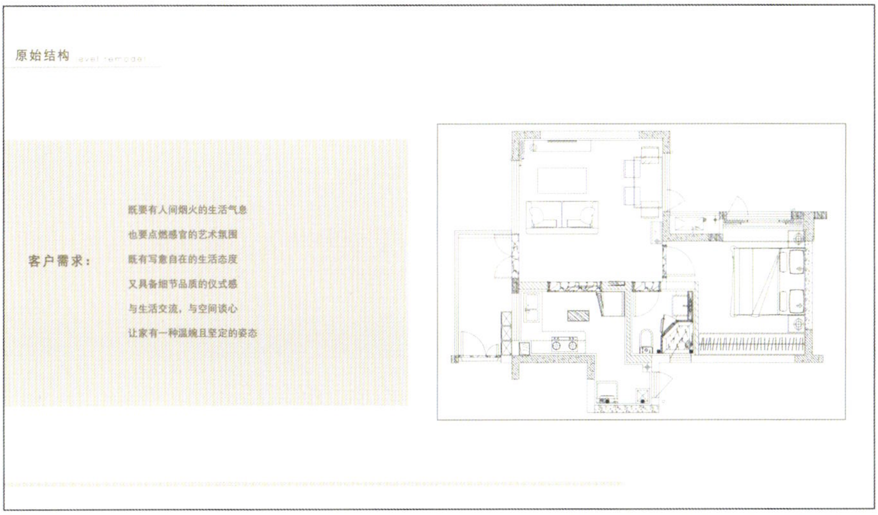

图6-44
提案PPT内页12

（8）空间软装产品选配方案

软装产品在软装提案中不是简单地罗列，而是软装设计师设计思想的集中展现，更是软装提案实施效果最直接的保证（图6-45至图6-48）。

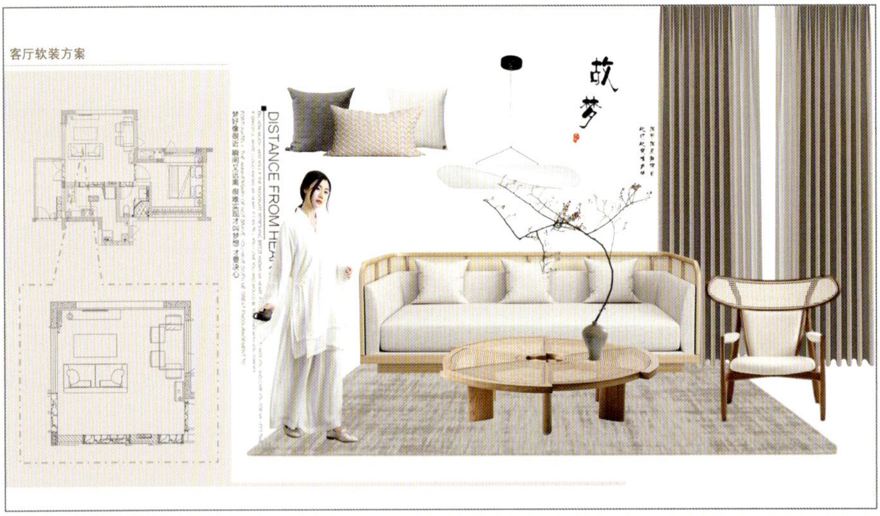

图6-45
提案PPT内页13

图6-46
提案PPT内页14

图6-47
提案PPT内页15

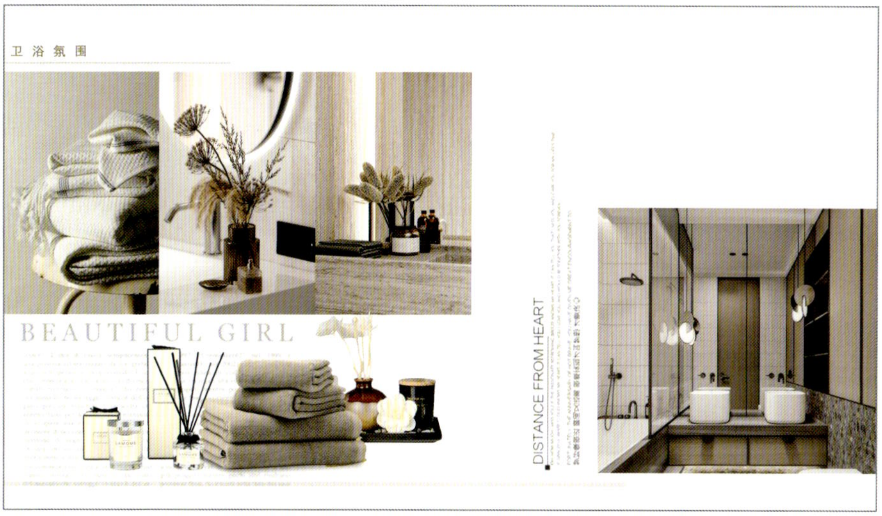

图6-48
提案PPT内页16

软装产品往往根据空间顺序，以空间为单位，并通过PPT排版等手段，尽可能地以最直观的形式展现出软装提案的最终效果。

软装设计项目采购　　软装设计项目摆场

6.2 工作任务实施

任务1　设计调查与定位

（1）设计思考

①客户选定的陈设设计风格是什么？

______

②客户喜欢的色彩搭配是什么？

______

③客户有哪些功能需求？

______

（2）设计调查与分析

①客户分析与项目实地测量。

______

②客户填写或者通过沟通替客户填写量房信息记录表。

硬装空间检测验收表

1.家庭情况：日常________口人居住，分别为：________________

业主年龄段：________ 职业：________ 房屋使用年限及性质：________

老人是否一起居住：□常来 □很少来 □每年来一段时间 □不考虑

小孩：□男孩 □女孩 ________个________岁 是否独立居住：□是 □否

2.功能要求：

□客餐厅____

____

□主卧____

□次卧____

□书房____

□客房____

□衣帽间____

□阳台____

□厨卫____

□露台/庭院____

□备注____

3.房屋结构：□满意 □一般 □不满意；具体：________________

____

4.爱好：□运动 □阅读 □上网 □品茶 □办公 □音乐 □体育

其他：____

5.个性要求：

（1）色调：□深色 □中性 □浅色 □暖色系 □冷色系 颜色偏好：________

不喜欢的颜色：________

（2）风格：□现代简约________ □欧式________ □中式________ □新中式________

□田园________ □地中海________ □后现代________ □混搭________ □其他________

6.家居风水：□适当考虑 □无所谓 其他：________________

7.软装：□盆栽 □挂画 □瓷器 □花艺 □雕塑 □雕花 □灯具

□由设计师建议____

（3）设计定位

（包括设计意向、色彩定位、风格定位、材质定位等）

____

____

____

任务2 项目定位分析

（1）设计思考

①项目定位分析包括哪些内容？

____

②项目定位分析文本一般用哪些软件制作？

（2）色彩分析方案设计表达

方案设计：

（3）风格分析方案设计表达

方案设计：

任务3 项目全案设计

（1）设计思考

①室内陈设设计项目全案设计文本包含哪些内容?

②全案设计文本的版式设计要注意哪些问题?

（2）绘制室内陈设设计项目全案设计

设计文本:

（3）方案讨论与修改

①项目全案设计是否完整?

②项目全案设计是否符合美学特征?

③在制作项目全案设计文本时遇到了哪些问题?

6.3 拓展案例

案例　人居懿林语软装设计方案

设计公司：玩家设计

空间类型：住宅设计

（1）封面

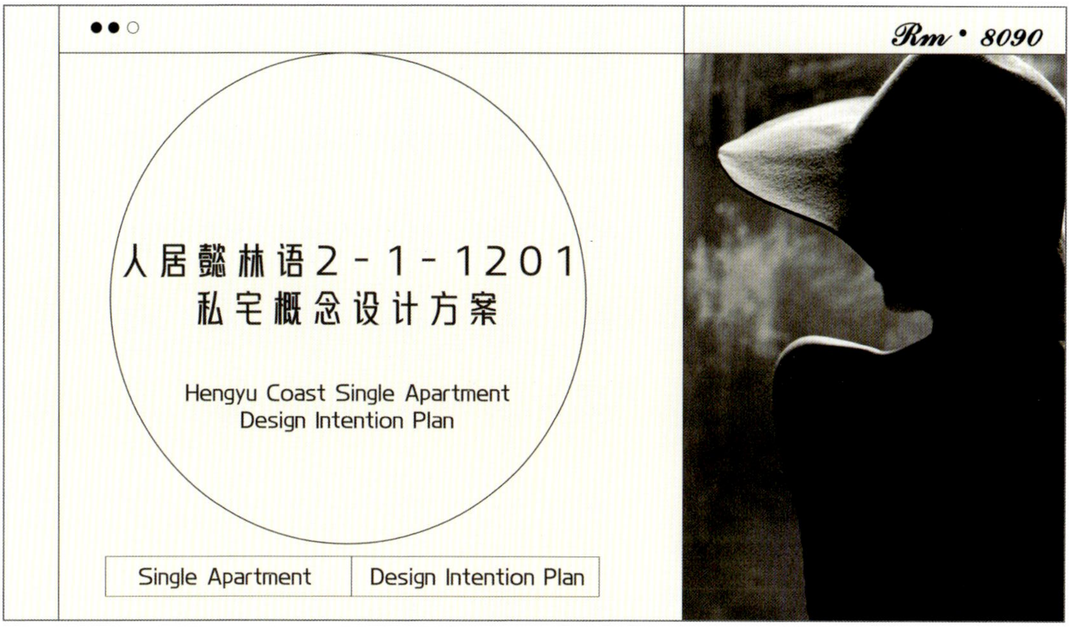
Rm · 8090
人居懿林语2-1-1201
私宅概念设计方案
Hengyu Coast Single Apartment
Design Intention Plan
Single Apartment
Design Intention Plan

（2）设计理念

设计理念
Design Concept
在设计过程中我们尝试做减法，删减非必要的装饰(材质/线条/色彩等)，定位黑白灰配色方向，以接近黑的“35度灰”为主色，保留灰度的质感，却也有黑色的纯粹。
Rm · 8090
玩家设计
Design concept

（3）设计风格

风格分析
Style Analysis
现代极简风格追求优雅、时尚和高质感的氛围，采用简洁的线条和流线型设计。同时注重装饰细节和功能性。家具简洁而不失风格，墙面装饰主要采用艺术品或画作。照明方面的设计也非常重要，需要营造出不一样的氛围感。整个风格充满了时尚感和高质感，是一种非常优雅且舒适的室内设计风格。
Rm · 8090
玩家设计

（4）色彩分析

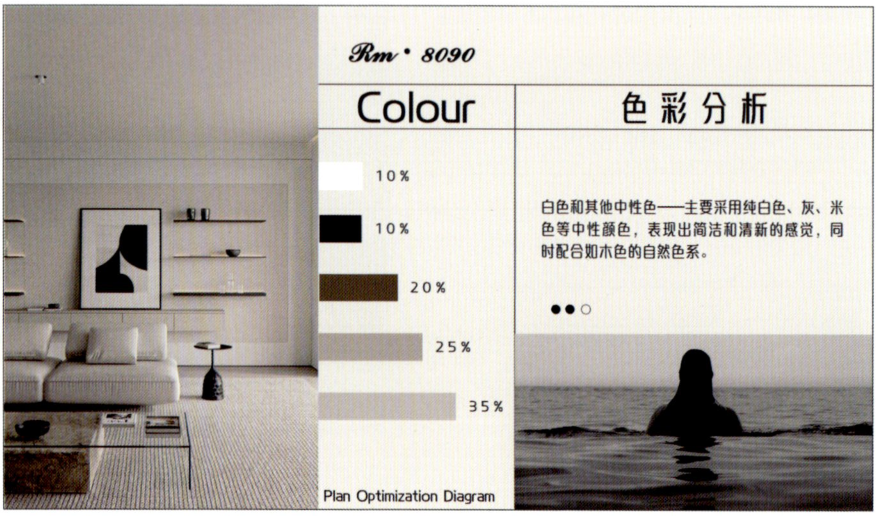
Rm · 8090
Colour
色彩分析
10%
10%
20%
25%
35%
Plan Optimization Diagram
白色和其他中性色——主要采用纯白色、灰、米色等中性颜色，表现出简洁和清新的感觉，同时配合如木色的自然色系。

（5）材质分析

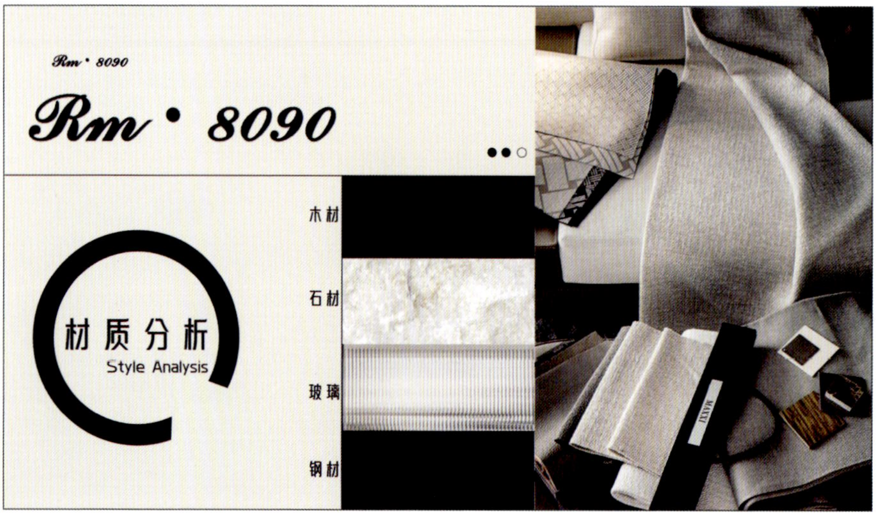
Rm · 8090
Rm · 8090
材质分析
Style Analysis
木材
石材
玻璃
钢材

（6）硬装分析

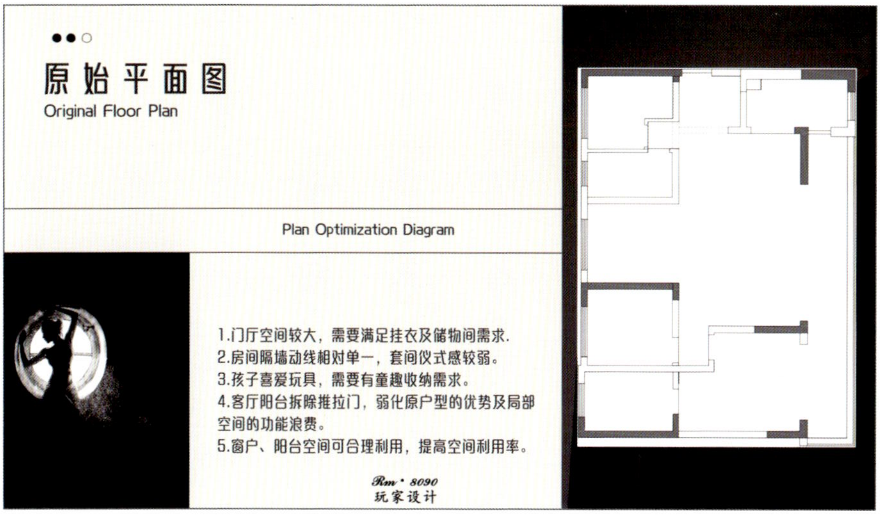
原始平面图
Original Floor Plan
Plan Optimization Diagram
1.门厅空间较大，需要满足挂衣及储物间需求。
2.房间隔墙动线相对单一，套间仪式感较弱。
3.孩子喜爱玩具，需要有童趣收纳需求。
4.客厅阳台拆除推拉门，弱化原户型的优势及局部空间的功能浪费。
5.窗户、阳台空间可合理利用，提高空间利用率。
Rm·8090
玩家设计

（7）平面布置图

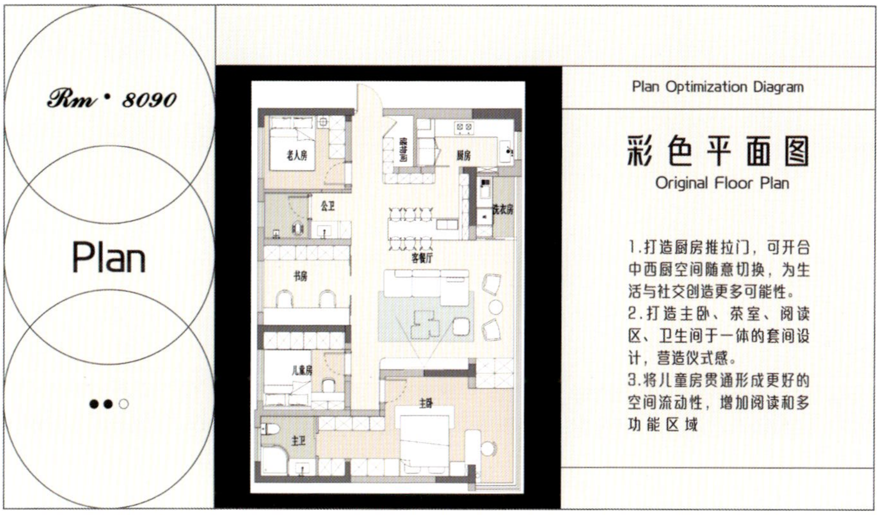
Rm·8090
Plan
Plan Optimization Diagram
彩色平面图
Original Floor Plan
1.打造厨房推拉门，可开合中西厨空间随意切换，为生活与社交创造更多可能性。
2.打造主卧、茶室、阅读区、卫生间于一体的套间设计，营造仪式感。
3.将儿童房贯通形成更好的空间流动性，增加阅读和多功能区域
老人房
厨房
公卫
衣帽间
客餐厅
书房
儿童房
主卧
主卫

（8）设计方案

入户意向图
Renderings
Rm·8090

客厅意向图

Panorama

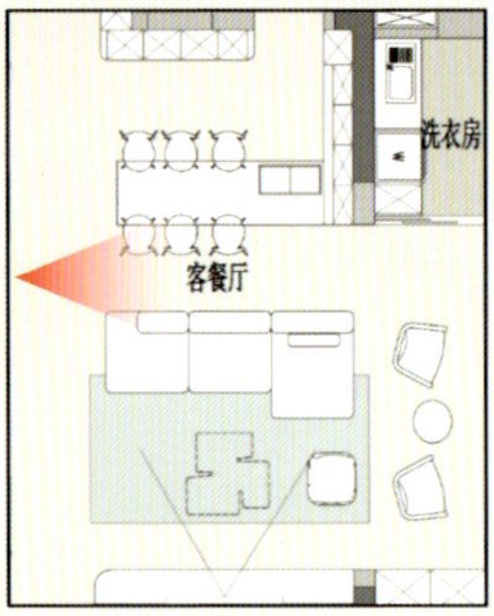

Rm · 8090

客厅意向图

Renderings

Rm · 8090

餐厅意向图

Renderings

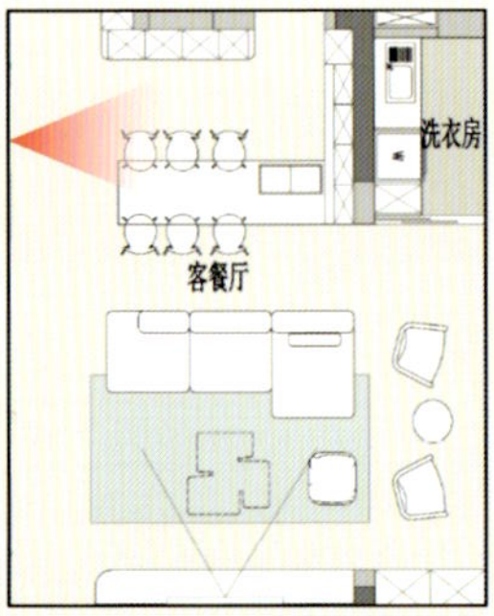

Rm · 8090

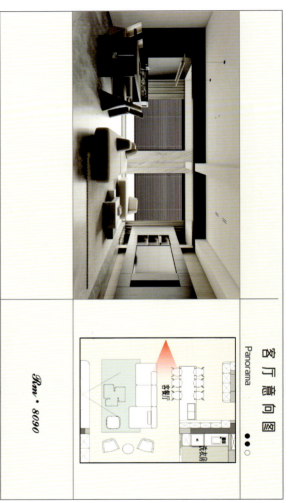

书房意向图
Renderings
Rm · 8090

Modern Minimalist Lifestyle

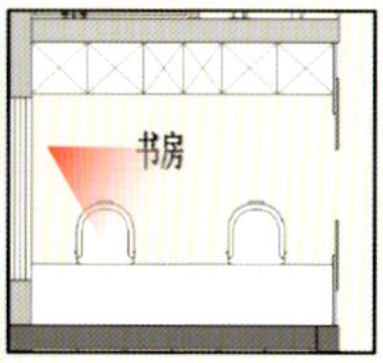

书房意向图
Renderings
Rm · 8090

老人房意向图
Renderings

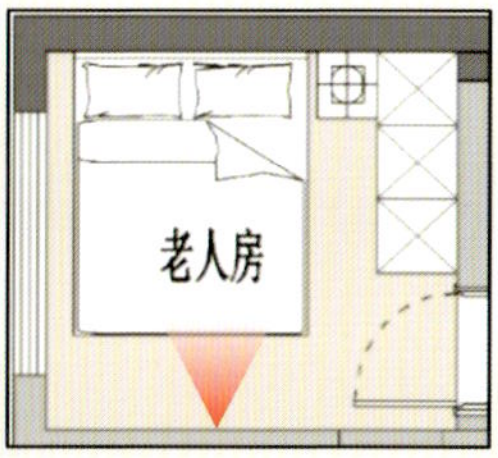

Rm · 8090

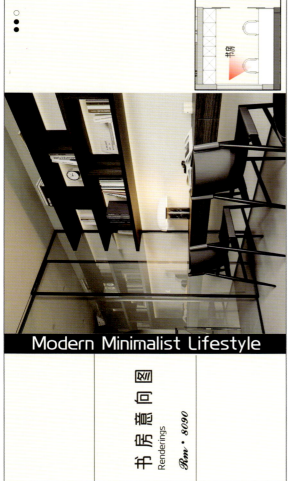

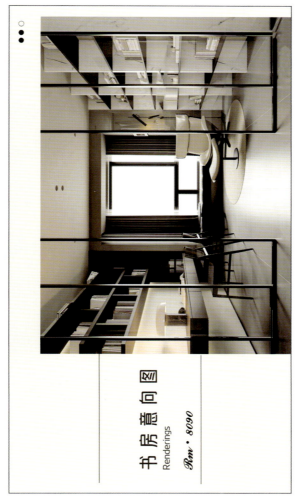

老人房意向图

Renderings

Rm · 8090

儿童房意向图

Renderings

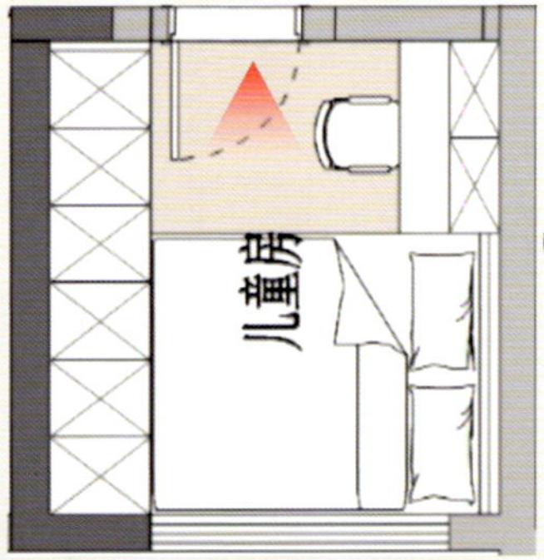

Rm · 8090

儿童房意向图

Renderings

Rm · 8090

主卧意向图

Renderings

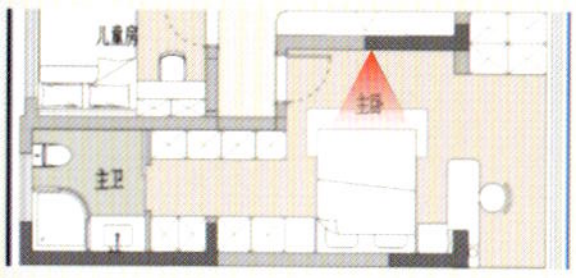

Rm • 8090

主卧意向图

Renderings

Rm • 8090

主卧意向图

Renderings

Rm • 8090

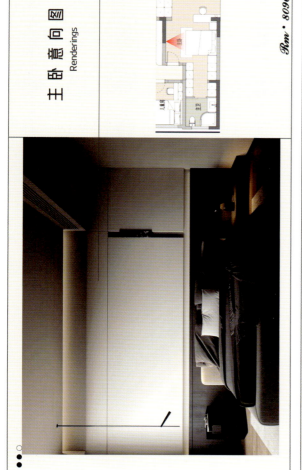

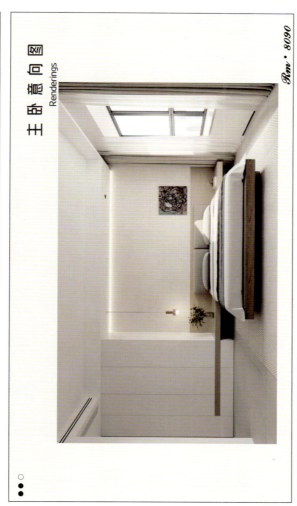

公卫意向图
Renderings
公卫
Rm · 8090

主卫意向图
Renderings
主卫
Rm · 8090

（9）封底

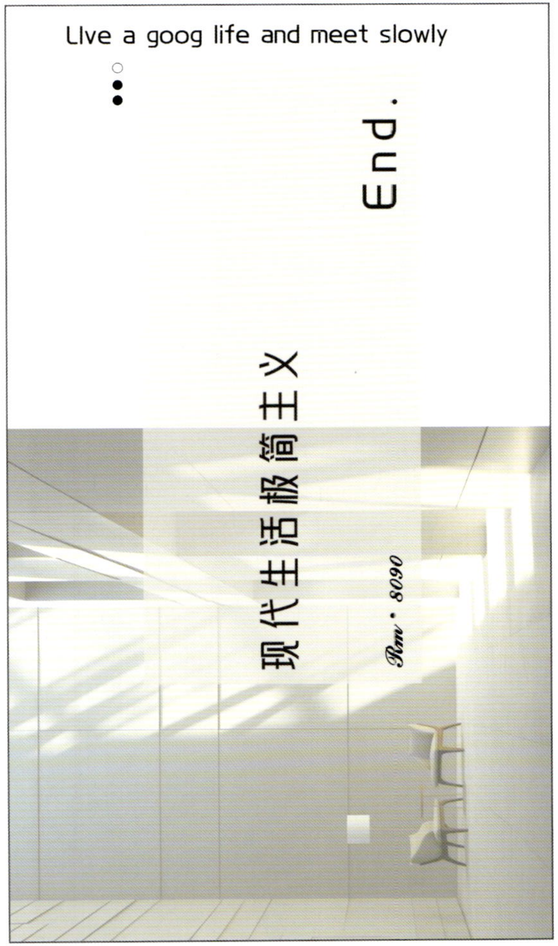
Live a goog life and meet slowly
End.
现代生活极简主义
Rm · 8090

评价与总结

组别			小组成员姓名			
作品名称						
尺度		优秀（90~100分）	良好（70~89分）	合格（60~69分）	不合格（0~59分）	得分
向度						
设计思维	设计概念（10%）	设计概念清晰成熟，符合项目设计目标，具原创价值	设计概念清晰成熟，符合项目设计目标，方案原创价值不高	设计概念不够成熟完整，与课题目标稍有出入	设计概念混乱不清，与课题目标关系薄弱	
	风格选择（10%）	风格选用完美贴合项目要求，选用风格元素特征准确，且观点独到	风格选用符合项目要求，选用风格元素特征准确	风格选用符合项目要求，选用风格元素特征部分准确	风格选用不符合项目要求，选用风格元素特征不准确	
设计制作	作品质量（40%）	作品精致，无任何瑕疵，无尺寸错误，具原创价值	作品较精致，局部有瑕疵，无尺寸错误，原创价值不高	作品完整，局部有瑕疵，无尺寸错误，无原创价值	作品不完整，有众多瑕疵，尺寸错误，无原创价值	
	团队合作（10%）	团队充分合作，成果能彰显跨领域价值	团队充分合作，团队分工明确，成果良好	团队成员能互助协调，合作过程愉快	团队沟通不畅，影响整体成果表现	
设计表达	图纸效果（20%）	作品生动、整洁、有较强的视觉冲击力和准确的空间结构表现能力，作业的成品整体性较强并反映了制作者的个体特性	作品生动、整洁、有视觉冲击力和空间结构表现能力，作业的成品整体性较强	作品生动、整洁、有空间结构表现能力，作业的成品完整	作品平庸，图面不整洁，空间结构混乱，成品不完整	
	艺术表现（10%）	整体形态美观且具特色，施工精良，视觉传达性佳	整体形态美观，施工精良，有视觉传达性	施工完整，部分形态具美感特色，有视觉传达效果	施工不良或作品制作不完整，造型不具美感	
综合得分						
个人小结						

技能训练

训练1（难度：★★★）

（1）项目名称：四居室住宅空间的陈设设计方案。

（2）训练目标：通过陈设设计的学习，阐述软装搭配提案内容，能运用自己的设计思维能力编排软装搭配项目设计方案，提高软装设计技能。

（3）训练内容：完成陈设设计方案文本（不低于10页），绘制内容需包含封面、目录、设计定位、风格分析、色彩分析、材质分析、空间方案设计、封底等。

（4）训练考核方式和标准：考核方式分为过程考核（30%）和结果考核（70%）两方面。过程考核主要考核学生的团队协作能力、任务解析能力、过程参与度、沟通协调能力等。结果考核主要考核学生的专业能力，包括设计思维、设计制作和设计表达等。

训练2（难度：★★★★★）

（1）项目名称：别墅陈设设计方案。

（2）训练目标：通过陈设设计的学习，分析与评价陈设项目设计方案的美学秘籍，正确运用到自己的方案中，提高软装设计技能。

（3）训练要求：方案中要应对人口老龄化，服务银龄经济，进行适老化设计升级。同时，增设多子女房设计，充分体现人文关怀的设计理念。

（4）训练内容：完成陈设设计方案文本（不低于20页），绘制内容需包含封面、目录、设计定位、风格分析、色彩分析、材质分析、空间方案设计、封底等。

（5）训练考核方式和标准：考核方式分为过程考核（30%）和结果考核（70%）两方面。过程考核主要考核学生的团队协作能力、任务解析能力、过程参与度、沟通协调能力等。结果考核主要考核学生的专业能力，包括设计思维、设计制作和设计表达等。

训练作业清单

（1）硬装空间检测验收表
（2）客户定位信息记录表
（3）陈设项目进程表
（4）陈设设计方案文本封面、目录
（5）陈设设计定位分析方案文本
（6）陈设设计色彩分析方案文本
（7）陈设设计风格分析方案文本
（8）陈设设计材质分析方案文本
（9）各空间陈设设计方案文本
（10）陈设设计方案文本封底
（11）陈设设计项目概预算清单
（12）陈设设计项目采购与摆场计划表

参考文献

[1] 胡文刚，关惠元. 有限元法在实木榫接合家具结构设计中的应用[J]. 世界林业研究，2020，33(5)：65-69.

[2] 朱云，申黎明. 面向用户装配的实木家具榫卯结构设计[J]. 林业工程学报，2018，3(3)：142-148.

[3] 封宇，刘文金. 实木家具有机形结构设计研究[J]. 家具与室内装饰，2018(2)：24-25.

[4] 王迎春. 现代实木家具结构设计的应用[J]. 现代装饰(理论)，2015(10)：97.

[5] 孙德林，孙德彬. "家具结构设计"课程教学模式的探讨[J]. 家具与室内装饰，2010(6)：106-107.

[6] 周忠祥. 实木家具斜角榫接合方式的改进与应用[J]. 内蒙古农业大学学报(自然科学版)，2007(4)：200-203.

[7] 张维维，夏岚，袁进东. 基于SPSS的明清椅类家具靠背板形态分析[J]. 家具，2023，44(6)：37-41.

[8] 黄鹏飞，李芳菲，张磊，等. 基于有限元分析的椅类家具稳定性研究[J]. 竹子学报，2023，42(3)：1-8.

[9] 黄倩，王美艳. 基于生态美学思想的中国现代椅类家具设计研究[J]. 鞋类工艺与设计，2023，3(16)：160-162.

[10] 常小龙，陈于书. 悬伸腿桌类家具结构研究[J]. 家具，2017，38(1)：38-41.

[11] 杨凌云，郭颖艳. 家具设计与陈设[M]. 2版. 重庆：重庆大学出版社，2020.

[12] 王永广，王红强，程祖彬. 软体家具制造技术[M]. 北京：中国轻工业出版社，2020.

[13] 徐伟，顾颜婷. 软体家具制造工艺[M]. 北京：中国林业出版社，2021.

[14] 胡显宁，李金甲. 全屋定制家具设计[M]. 北京：中国轻工业出版社，2021.

[15] 罗春丽，贾淑芳. 定制家具设计[M]. 北京：中国轻工业出版社，2020.

[16] GB/T 39016-2020，定制家具　通用设计规范[S].

[17] GB/T 3327-2016，家具　柜类主要尺寸[S].

[18] GB/T 43003-2023，定制家具　安装验收规范[S].

[19] 王一妃. 精装商品住宅配套收纳家具设计研究[D]. 北京：北京林业大学，2020.

[20] 魏娜，家具设计与软装搭配[M]. 大连：大连理工大学出版社，2022.

[21] 杨浩然，王杰，朱爱霞. 室内软装配饰设计[M]. 上海：上海交通大学出版社，2024.

[22] 李江军，龙涛，黄涵. 软装全案教程[M]. 北京：北京工艺美术出版社，2021.

[23] 王琳琳. 岗位需求下高职院校软装设计课程教学模式研究与实践[J]. 化纤与纺织技术，2024，53(1)：159-161.

[24] 付岳莹，罗炳金. 基于产教融合的软装设计人才培养路径研究[J]. 化纤与纺织技术，2021，50(6)：148-150.